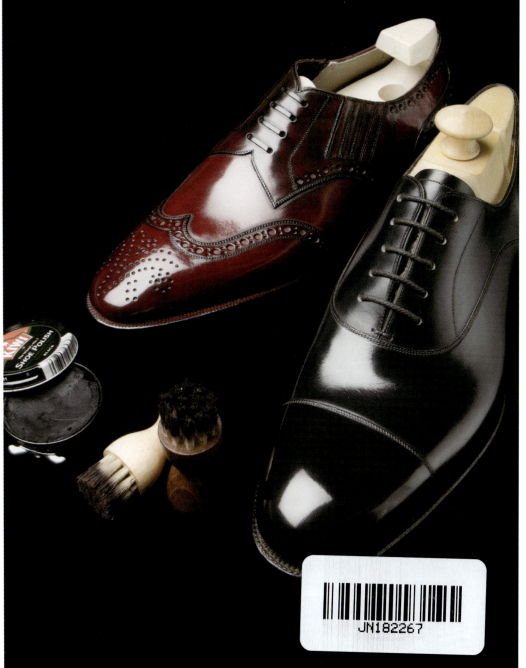

TEXTBOOK OF MEN'S SHOES

紳士靴の教科書

紳士靴を愉しむ

　例えば、育てることを愉しむ。革という経年変化のある天然素材は次第に色を変え、柔軟に足の形をトレースする。そのため、靴は手間暇かけて履き込むことで、少しずつ好みの質感に変化し、足にフィットする。長い時間をかけやっと完成した「自分の靴」は、まるで自分の分身のような、大切な存在に感じることもある。

　例えば、機能美を愉しむ。100年以上の歴史の中で「機能性」と「美しさ」を追求され続け、現在の構造やデザインに落ち着いた紳士靴は、無駄なものが省かれ、ほぼ本質たる機能美のみを残す形に完成された至高のプロダクツ。熟練の職人が創り出す複雑で有機的な曲線は、人の目を奪う魅惑的な美しさを有する。

　例えば、自分を変えることを愉しむ。靴が変われば、履く人の佇まいや印象もがらりと変わる。その靴の性格が乗り移ったように、心も変化する。ビジネスという闘いの場では硬い鎧に、華やかな社交の場では麗しい香りに、くつろいだプライベートの場では穏やかな空気に、それぞれ異なる役割を器用に果たしてくれる靴は、パーソナリティをスイッチするための重要なピースとなる。

　紳士靴の愉しみ方は人それぞれだが、世代を越えて愛されている存在であることは間違いない。本書は「紳士靴の教科書」と銘打っているが、これには「靴が好き」という気持ちを同じくする様々な人と知識や喜びを共有し、奥深い靴の文化にさらにどっぷりと浸るためのガイドブックにしてほしいという思いを込めている。初心者の方から、すでに無類の靴好きを自覚している方まで、本書を紳士靴の魅力を堪能する足がかりにして頂ければ幸いだ。

CONTENTS

紳士靴の基礎知識 —————————————————— 006

靴の構造と各部名称 ————————————————— 008

典型的なスタイルの紳士靴 ——————————————— 010
オックスフォード／ダービー／モンクストラップ／ブローグ／ローファー／サドルシューズ
アルバートスリッパ／チャッカーブーツ／カントリーブーツ／ジョッパーブーツ／サイドゴアブーツ

紳士靴の様々な意匠 ————————————————— 016
アッパーの造り／アッパーの装飾／トゥの仕様／コバとソールの装飾

底付けの製法 ——————————————————— 024
グッドイヤーウェルテッド製法／ハンドソーンウェルテッド製法／マッケイ製法／ノルウィージャンウェルト製法
セメンテッド製法／オパンケ製法／モカシン製法／ボロネーゼ製法／ブラックラピド製法／ステッチダウン製法

紳士靴に使われる素材 ————————————————— 028
スムースレザー／スエード／ヌバック／コードバン／ガラス仕上げ／エキゾチックレザー／エナメルレザー
型押し革／アウトソールの素材／ライニング（裏地）

靴のキャラクターをつかむ ——————————————— 031
フォーマル度とドレッシー度の守備範囲を考える

シューレース（靴紐）について —————————————— 032
シューレースの種類と選び方／シューレースの通し方

靴と足をフィットさせる ———————————————— 034
レングス（長さ）とウィズ（幅）の関係／足に合う靴の探し方

靴を正しく履く —————————————————— 036
靴をしっかりと履く手順／ほどけにくい結び方

Q&A —みんなが気になる靴の知識① — ————————————— 037

紳士靴のセレクト術 —————————————————— 038

靴選びのワークフロー ————————————————— 039

ビジネスにおすすめの靴3選 —————————————— 040

カジュアルにおすすめの靴3選 —————————————— 041

パーティにおすすめの靴3選 —————————————— 042

Q&A —みんなが気になる靴の知識② — ————————————— 043

Column 日本の靴のルーツを探る 浅草 皮革産業資料館を訪ねて —————— 044

紳士靴ブランド モデル図鑑 —— 046
国ごとに異なる紳士靴のキャラクター —— 085

紳士靴の手入れ —— 086
手入れのメニューを使い分ける —— 087
基本の道具を手に入れる —— 088
購入直後の手入れ —— 089
日常的な手入れ —— 093
本格的な手入れ —— 094
長期保管前の手入れ —— 102
コードバン靴の手入れ —— 103
スエード靴の手入れ —— 106
エナメル靴の手入れ —— 109
リフレッシュ手入れ① ワックスのヒビ割れ補修 —— 110
リフレッシュ手入れ② コバの補修 —— 112
リフレッシュ手入れ③ 靴内部の手入れ —— 114
リフレッシュ手入れ④ カビのケア —— 115
リフレッシュ手入れ⑤ 傷・色抜け補修 —— 116
リフレッシュ手入れ⑥ 水濡れ・水ジミ対策 —— 118

シューケアグッズカタログ —— 120

紳士靴のリペアとカスタム —— 144
リペアのタイミングを見極める —— 145
傷みのチェックポイント
紳士靴のリペアメニュー —— 146
オールソール交換／ソールパーツカタログ／ライニング補修／キズ補修／サイズ調整
アッパーの補修
紳士靴のカスタムメニュー —— 154
テーパードヒール／ピッチドヒール／セミヴェヴェルドウエスト／ファッジング
ウェルトの削り込み／外ハトメ／パーフォレーション加工／バケッタ加工／エイジング加工
オールソール交換の全容 —— 157
ソールを剥がす／新しいソールを貼る／出し縫い／ヒールを取り付ける／仕上げ／完成

Column 紳士靴の本質を味わう オーダーメイドの愉悦 —— 164

紳士靴の基礎知識

BASIC KNOWLEDGE OF MEN'S SHOES

紳士靴を構成する要素は非常に多く、理解するためには多面的な見方をする必要がある。ただし、始めから暗記するのではなく、様々な靴に出会う中で、順次身に付けるのがベターな方法だ。

記事監修＝木島慎哉（オーダーR）

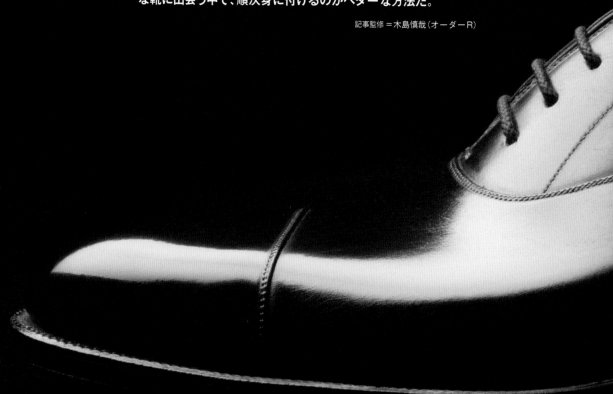

　紳士靴の歴史をたどれば、19世紀初頭から次第に靴製造が機械化されていったのが一大転機とも言える。
　この世紀を通じて、ミシンを始めとする様々な機械が開発され、それと同時にマッケイ製法、グッドイヤーウェルテッド製法、さらに現代の靴に適したクロムなめし革の製造技術など、主要な量産技術が確立していった。20世紀に入るとセメンテッド製法が開発され、これで現代と同じ靴製造に必要な要素は、ほぼ出揃ったことになる。
　技術の発展とともに、ファッションや戦争といったニーズに応えるよう、靴には様々なデザインが与えられた。にもかかわらず、紳士靴は今でも一定のオーソドックスなスタイルに落ち着いている。もちろん、礼服やスーツ、ジャケットスタイルに組み込まれ、ファッション文化として定着していることも、理由のひとつだろう。しかし、セメンテッド製法という、革靴のデメリットを排除できる方法が整った後でさえ、「革のアッパーとソールを縫い合わせて作る」というオールドスタイルを保ち続けていることは、非常に興味深い。スニーカーという、機能的・製造効率的に優れた革命的な存在

　の登場にも、過去の遺物として駆逐されることはなかった。それどころか、男のステータスとして、愉しむべき嗜みとして、または共通の趣味を持つ者同士のコミュニケーションツールとして愛され、今でもなお輝きを放つ存在となっている。

　紳士靴もオールドスタイルを守る動きと、イノベーションを求める動きがあり、常に拮抗している。その動きが画期的なデザインを産んだり、オーソドックスへの揺り戻しを起こしたりすることで新陳代謝を上げ、紳士靴という文化を停滞させない要因になっているのかもしれない。

　この記事では、紳士靴を構成する基本的な要素――構造、製法、素材、デザイン、履き方等々――を順に解説する。これらの要素に対する捉え方は、国や文化、周囲の人々の考え方といった社会的背景によって大きく異なり、今でも時代とともに刻々と変化している。本書では、現在の日本でなるべく一般的で多数派の情報を取り上げているが、それがどんな場面でも通じる訳ではないということだ。異なる考え方や新しい文化を受け入れる、柔軟な姿勢を持つことが、紳士靴を愉しむ秘訣のひとつと言えるだろう。

🔱 Structure And Name Of Each Part
靴の構造と各部名称

複雑な構造を知ることも後で役に立ってくる

　機能とデザイン性を実現するために進化してきた紳士靴は、非常に複雑な造りになっている印象。一見、内部構造など役に立たなそうだが、今後多くの靴を見る上で、ある程度構造を知っていると理解度が増すはずだ。

　構造の要は、別体のアッパーとソールが接合されて靴が出来ていること。接合する製法は様々なので後ほど解説するが、最もメジャーな「グッドイヤーウェルテッド製法」を例に、一般的な靴の構造や主要パーツを紹介する。

全体

パーツや部位ごとに細かく呼び方が分けられているが、境目が曖昧な部分も多い。靴の造りによってパーツの形や呼び方が変化することもあるので、柔軟に覚えておくと良い。

- ❶ **トゥ**：つま先周り、または靴の先端のこと。写真のようにトゥのみパーツが別体になっている場合は「トゥキャップ」と呼ぶ
- ❷ **ヴァンプ**：甲革の意味。トゥの後ろの正面から見える部分
- ❸ **クォーター**：カカトから側面をぐるりと覆う部分。腰革とも言われる
- ❹ **カウンター**：カカトを包み込む部分。クォーターの内側にあたり、芯材で補強されている
- ❺ **ヒール**：カカトの下で荷重を支える、ブロック状に積み上げられた部分
- ❻ **レースステー**：アイレットがあり、シューレースで直接締め上げる部分
- ❼ **タン（舌革）**：レースステーの下にあり、足にレースを直接触れないようにするパーツ。ヴァンプと一体、あるいはヴァンプに縫い付けられている
- ❽ **アイレット**：シューレースを通す穴
- ❾ **コバ**：ソールやヒールの側面の狭いエリア。漢字では「木端」と書き、木材の切り口を意味する言葉が、革の切り口にも転用されている
- ❿ **アッパー**：ウェルトよりも上のパーツの総称
- ⓫ **ライニング**：裏地のこと。カカト部分は「カウンター（クォーター）ライニング」と区別されることが多い
- ⓬ **バックステー**：靴の後端を縦に縫っているステッチ全体、あるいは上端部を保護するために被せられているパーツ
- ⓭ **かんぬき止め**：レースステーの一番下を補強しているステッチや革パーツ
- ⓮ **トップライン**：履き口を形成するライン

BASIC KNOWLEDGE OF MEN'S SHOES
紳士靴の基礎知識

芯材

靴を足の動きに沿わせるには、固いところと柔軟なところのメリハリが必要なので、芯材は重要なパーツ。多くの靴に使われている、ごく一般的な芯材を紹介する。

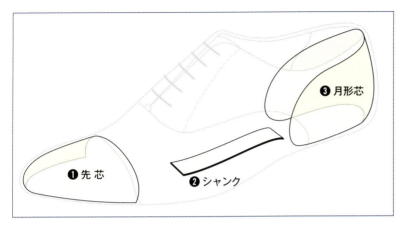

❶ **先芯**：トゥのフォルムを維持し、つま先を守る最も重要な芯材。素材は、革や樹脂で固めた不織布などが使われる。「トゥパフ」とも呼ばれる

❷ **シャンク**：土踏まずのアーチを支えるように入れられる芯。これがないと、荷重によってソールがヘタって靴のフォルムが崩れてしまう。既製靴では金属製が多いが、革製、竹製、プラスティック製もある

❸ **月形芯**：カカト周りの芯。ここでカカトをしっかりとホールドすることで、歩いている足に靴がしっかりと寄り沿う。素材には革や樹脂が使われる

ソール

ソールは足と地面の双方に触れ、履き心地や歩きやすさという機能性に結びつくので、想像以上に複雑な構造で作り込まれている。

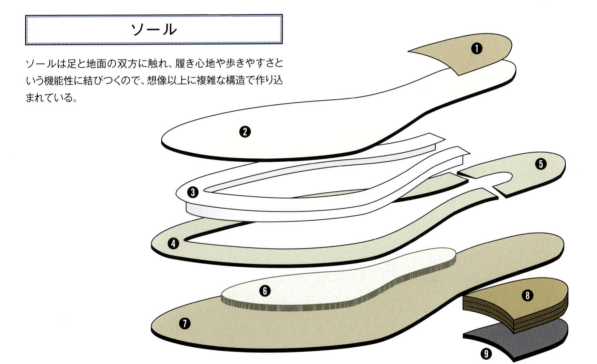

❶ **中敷き**：足に直接触れる部分。ソールの凹凸を均し、履き心地を良くする。中底との間に薄いウレタン等のクッション材が挟まれることもある

❷ **中底**：ラスト(※)にアッパーを沿わせる(つり込む)前、最初に取り付ける。ソールのフォルムを決める重要なパーツで、シャンクでフォルムを維持している。インソールとも呼ばれるが、中敷きを意味することもあるので注意

❸ **リブテープ**：グッドイヤーウェルテッド製法において、インソールの裏面に接着されるテープ。断面がT字型で、この先にアッパーとともにウェルトを縫い付けることで、インソールと接合される

❹ **ウェルト**：ウェルテッド系の製法において、インソールとアウトソールは、このウェルトを媒介して接合される。これにより、靴底に柔軟性が出る

❺ **ハチマキ**：一般的な紳士靴は、カカトまでウェルトを取り付けない。そのため、その隙間を埋めるU字型(あるいは半円)のパーツが必要になる

❻ **中物**：中底とアウトソールの隙間を埋めるコルクやフェルト。中底を支えるとともに、クッションにもなっている

❼ **アウトソール**：本底。地面と接する一番外側のソール。ウェルトとの間にさらにソールを挟み込む場合、それを「ミッドソール」と呼ぶ

❽ **ヒールリフト**：ヒールが木型に合った高さになるよう、積み重ねる部分。積み革とも呼ばれる

❾ **トップリフト**：ヒールの一番下の、地面に接する1枚。堅牢な素材を使い、キレイに仕上げられる。トップピース、化粧革などとも呼ばれる

※**ラスト**：靴を作るときに使う木型のこと。アッパーは、この木型に革を巻き付けるようにして成形する

✣ Typical Styles Of Men's Shoes
典型的なスタイルの紳士靴

靴を選ぶ基準にもなる現在のスタンダードスタイル

　時代や文化の移り変わりで、歴史上様々な紳士靴が生まれてきたが、現代のファッション的、機能的なニーズによって、ある程度の典型的なスタイルは決まっている。メーカーが新しい靴を作るときにも、やはりこの典型的なスタイルをベースにすることが多い。そういった意味では、典型に当てはまらない新しいスタイルの靴は、ファッション的に履きこなしが難しいかもしれない。初めのうちは、典型的なスタイルを買い揃えるのがおすすめだ。

オックスフォード

アルフレッド サージェント

リーガル

　17世紀中頃、イギリスのオックスフォード大学の学生がブーツに反対し、紐で締め付けて履く短靴（※）を履き始めたことから、今でも紐締めの短靴を総称して「オックスフォード」と呼ぶ。日本においては右ページで解説する「ダービー」の短靴まで含めるのが一般的だが、欧米では源流に近い「内羽根 (P.16)」と「キャップトゥ (P.20)」を組み合わせたスタイルの短靴を指す。

　一般的に履かれる靴の中では最もフォーマル度が高いとされ、披露宴などで着用するモーニングや礼服に合わせるのは「黒の内羽根キャップトゥ」、夜の式典で着用するタキシードには「エナメルの内羽根キャップトゥ（またはオペラパンプス）」というのが基本的なマナー。また、黒やダークブラウンなどダーク色はビジネスシーンで、ライトな色合いならカジュアルシーンで、様々な場面に応用が利く。

※**短靴**：くるぶしが露出する丈の靴。トップラインがくるぶしの下を迂回するようなカーブを描いている。

BASIC KNOWLEDGE OF MEN'S SHOES
紳士靴の基礎知識

ダービー

チーニー

トリッカーズ

19世紀初頭、ナポレオン率いるフランス軍に対抗するプロイセン軍のブリュッヘル将軍が、脱ぎ履きがしやすく、あらゆる人の足にフィットさせられることから「外羽根式（P.16）」の靴を軍靴に採用したとされる。この外羽根を表す英国での呼び名が「ダービー」。語源は、イギリスで競馬を始めたことでも知られるダービー伯爵が身に着けていたことからと言われる。当初は編み上げ靴（※）だったようだが、現在は短靴も含める。ここから、==外羽根式の比較的シンプルなスタイル==の靴全般を、そのままダービーと呼ぶ。プレーントゥのダービーは、色やデザインに注意すればビジネスシーンからカジュアルシーンまでよく馴染み、履き心地も良いので、日本でも非常に人気のあるスタイル。

※編み上げ靴：紐で締め上げる比較的ハイカットの靴。レースアップシューズ（ブーツ）とも。

モンクストラップ

◆ ダブルモンクストラップ

ユニオンインペリアル

◆ シングルモンクストラップ

ソフィス&ソリッド

甲を<mark>ストラップ（バンド）</mark>と<mark>バックル</mark>で留める方式の短靴。装飾は控えめな場合が多い。バックルが1つの場合は<mark>「シングル」</mark>、2つは<mark>「ダブル」</mark>となる。15世紀頃に修道士（Monk）が編み出したストラップ付きのサンダルを原型とするため、この名が付いている。カジュアルシューズやドレスシューズの意匠に転用されたのは、近年になってからのこと。華やかさがあり、パーティなどのドレッシーな装いではベストなマッチングを見せるが、金具がややカジュアルな印象を与えることもあるため、葬祭などの畏まった場面では控えた方が良いこともある。近年の既製靴では、ストラップの裏側がゴムになっていて、スリッポン感覚で履ける仕様が多い。

BASIC KNOWLEDGE OF MEN'S SHOES
紳士靴の基礎知識

ブローグ

◆ フルブローグ

チャーチ

◆ セミブローグ

ユニオンワークス

◆ クォーターブローグ

ユニオンインペリアル

ウイングチップ (P.21)にトゥの穴飾り「メダリオン (P.18)」とアッパーの縫い目の穴飾り「パーフォレーション」が施され、パーツの切れ目がピンキング (P.19)された賑やかな作りの短靴。これらの穴飾りを総称して「ブローギング」と呼ぶ。通常のブローグ靴を「フルブローグ」、ストレートチップに同様の装飾を施したものを「セミブローグ」、セミブローグからメダリオンを除いたものを「クォーターブローグ」と呼び分ける。また、写真のような内羽根が多いが、外羽根タイプにも人気がある。カントリーシューズ (P.15)の流れを汲んでいるため、ややカジュアル・スポーティな印象はあるものの、独特の華やかさが好まれ、ビジネスシーンやパーティーシーンでも活躍している。

ローファー

スリッポン(P.17)の一種で、モカステッチと、甲を横にまたぐように付けられた「甲ベルト」が特徴的なスタイル。同様のスリッポンは古くからあったが、1930年代にアメリカで「ローファー」の名で販売されて流行したことで定番化した。学生の間で、ベルトの切れ込みにコイン(ペニー)を挟むファッションが広まったことから、「ペニー(コイン)ローファー」と呼ばれることもある。また、サドルに金具の装飾があれば「ビットローファー」、タッセル付きは「タッセルローファー」など、様々な派生型が存在する。日本では、スニーカーに近いカジュアルシューズとして見られているが、ジャケット・パンツスタイルにもマッチさせられる人気モデルのひとつ。

ジョン ロブ

サドルシューズ

ニューヨーカー

ヴァンプを横にまたぐサドル(馬の鞍)のようなパーツが、靴を大きく前後に二分するスタイル。起源は英国だが、サドルとそれ以外の部分がコンビネーション(色違いや素材違いのツートン)になっている米国スタイルが定番で、ずんぐりとしたラウンドトゥや厚手のソールと組み合わされ、アメカジに合わせる靴として一部のファンから根強い人気を得る。ゴルフやボーリングなど、スポーツシューズにも使われる。

アルバートスリッパ

トリッカーズ

貴族の文化で育った靴は、基本的に歩き回ることを想定していないので、スリッポンが多い。このアルバートスリッパは、オペラ鑑賞、舞踏会など、上流階級の遊びの中で使用される室内履きスタイルで、ベルベットなどの素材に刺繍が施されたエレガントな作りが特徴。非常に特殊な靴だが、近年はカジュアルファッションに合わせるために外履き用にアレンジしたものも作られており、注目を呼んでいる。

チャッカーブーツ

ジャラン スリウァヤ

くるぶしが隠れるアンクル丈で、アイレットが2〜3組の外羽根式ブーツ。ヴァンプとクォーターの2ピースで出来ていることが多い。短靴でも完全なブーツでもない少し特殊なスタイルだが、適度にフォーマル感のあるカジュアルシューズとして、様々なファッションに応用できるのが特徴。日本でも定番品として人気を誇っている。

カントリーブーツ

クロケット&ジョーンズ

上流階級や貴族の間で発展した紳士靴とは異なり、一般庶民の文化の中で育った、農作業や狩猟をする際に履かれた靴のスタイル。短靴の場合は「カントリーシューズ」になる。ストームウェルト、ダブルウェルト、ダブルソールなど、防水性、防塵性、耐久性を重視した造りで、ワークブーツに似たワイルドさとカジュアル感が特徴。

ジョッパー（ジョドパー）ブーツ

シュナイダーブーツ

イギリスの軍隊が乗馬の際に着用していた靴が起源とされる、ショート丈のブーツ。ヴァンプはトゥまでシンプルな一枚革で作られ、クォーターまで覆うような形になっている。さらに、その両端から伸びるストラップがくるぶし周りを一周し、バックルで締め付けているのが特徴。特殊なスタイルだが、ややスポーティなカジュアルファッションに合わせると、シャープなラインが全体を引き締めてくれる。

サイドゴアブーツ

エンツォ ボナフェ

脱ぎ履きしやすく着用時のフィット感が高い、サイドにゴア（ゴム製のマチ）が付けられたブーツ。20世紀中頃、ヴィクトリア女王に献上するために作られたものが起源とされる。坂本龍馬が有名な写真で履いている靴も、サイドゴアブーツという説がある。シンプルなプレーントゥはスーツやジャケットスタイルにもマッチするし、適度な装飾があればカジュアルにも履けるので、活用範囲が広く実用性が高い。

✠ Various Design Of Men's Shoes
紳士靴の様々な意匠

アッパーの造りやトゥ・ソール・コバの意匠は非常にバラエティ豊か

靴に用いられる各部の意匠を、細かく分けて紹介する。

最も靴の性質に影響するのがアッパーの造り。それ自体が靴の呼び名にさえなる、重要な要素だ。これに続いてアッパーに施される様々な装飾も挙げていく。

部分的な意匠では、やはりトゥに関わるものが多い。トゥは最も目立つ「靴の顔」とも言える部分なので、靴職人も多くの意匠を凝らす。最後に、目立たないながらも、こだわる靴ファンが多い「ソール・コバ」の意匠も挙げていく。

アッパーの造り

◆ 外羽根（ブラッチャー）

ヴァンプの上にクォーターを重ね、縫い合わせた造り。羽根（レースステー）が大きく開閉し、シューレースを締め上げることができるので==サイズに対する許容度が高くな==るのが長所。11ページで書いた理由から、語源はブリュッヘル将軍。動き回ることが目的の軍靴が由来ということもあり、内羽根と比べるとカジュアルな印象になる。

オールデン

◆ 内羽根（バルモラル）

外羽根とは逆に、クォーターをヴァンプの下に重ねた作り。イギリス王室が発祥のため、==フォーマル度が高く==、エレガントさも際立つ。語源はスコットランドのバルモラル城。羽根の開閉は少ないので、サイズに対する許容度は低い。履いたときの羽根の開きが1cm弱になるサイズを選ぶと、履き慣らして中底が沈んだときにちょうど良くなる。

三陽山長

◆ ホールカット

==アッパーが一枚革==で作られたスタイルで、==ワンピース==とも呼ばれる。スッキリとした見た目を活かし、スマートなフォルムで装飾もシンプルにし、ドレッシーな装いに合わせられる場合が多い。ラストにアッパーを添わせる「つり込み」作業が難しく、職人の腕が試される仕様と言われる。

カルミナ

BASIC KNOWLEDGE OF MEN'S SHOES
紳士靴の基礎知識

◆ スリッポン

アッパーを締め込む==シューレースやストラップがなく==、ボールガースとヒールカップのホールドだけで履くタイプの総称。脱ぎ履きはスピーディにできるが、サイズ許容度は低い。フォーマルなデザインもあるが、おおむねカジュアルでライトな印象を受けるので、夏の装いに合わせるカジュアル色のあるシューズとして重宝される。

ガジアーノ&ガーリング

◆ サイドエラスティック

サイドに==ゴムを織り込んだ布==が取り付けられ、エラスティック（伸縮式）になっているタイプ。フロントエラスティックもある。スピーディに脱ぎ履きができ、フィット感も高い。実用性を高める目的で生まれたものだが、最近はカジュアルなものからドレッシーなものまで様々なデザインが出揃っているため、ビジネス、パーティ、普段履き等、あらゆるシーンに活用できる。

ユニオンワークス

◆ サイドレース

==羽根の切れ目がサイドに偏り==、シューレースで締め上げるタイプ。ヴァンプの正面がすっきりとし、モンクストラップにも通じるどこかエレガントな雰囲気になる。デザイン重視の少し亜流な仕様ではあるが、個性的なルックスが靴の印象を強めてくれることが人気を呼び、近年は様々なデザインが生み出されている。

デュカル

17

アッパーの装飾

◆ メダリオン／パーフォレーション

スコッチグレイン

アッパーの革の表面に、大小の親子穴を美しい模様に並べた装飾。トゥの中央に施されたものを メダリオン 、縫い目のキワに並べられたものを パーフォレーション と呼び、これらをまとめて「穴飾り」や「パンチング」と呼ぶ。元々はカントリーシューズなどに施された意匠で、濡れた靴が水分を発散させやすいように空けた穴と言われる。

◆ タッセル

三陽山長

アッパーに取り付けられる 房飾り のこと。ヨーロッパの革靴には古くから使われている装飾だが、近年の定番はローファーのヴァンプ中央に取り付けられた、アメリカ発信の「タッセルローファー」。スリッポンだがライトすぎず、紳士靴だが堅苦しすぎない、なんとも 程よい加減 のスタイルとして、流行を終えた今でも息長く愛されている。

◆ レベルソ仕上げ

スコッチグレイン

アッパーの縫製を工夫し、縫い目が見えない ように仕上げる意匠。内羽根、ストレートチップと組み合わせられることが多い。スッキリとした見た目が、ツヤやかでドレッシーな雰囲気を出すため、夜のパーティなどにベストマッチする。全面レベルソのものはフォーマルやビジネスのシーンでは少し目立ちすぎることもあり、使用頻度は限られる。

◆ 外ハトメ

ハインリッヒ ディンケルアッカー

アイレットの外側をハトメ金具で補強した仕様。通常の紳士靴は、見えない裏側からアイレットを金具で補強しており、これを区別して「裏ハトメ」や「ブラインドアイレット」と呼ぶ。ワークブーツライクな男らしい印象になるので、カジュアルファッションにマッチする。もちろん、レースステーやシューレースの耐久性も上がる。

BASIC KNOWLEDGE OF MEN'S SHOES
紳士靴の基礎知識

◆ アデレード

スコッチグレイン

通常の内羽根はヴァンプとクォーターの継ぎ目（縫い目）があるのに対し、アデレードはここがワンピースになっていて、ヴァンプでレースステーを囲うような縫い目が見える造り。少しだけスッキリとした印象になるので、内羽根仕様の中でもドレッシーさを売りにしたモデルに採用される。レースステーの継ぎ目の形がそう見えることから、竪琴とも呼ばれる。

◆ スワンネック

アルフレッド サージェント

16ページの通常の内羽根は、レースステー脇を縦に縫うステッチが、緩やかなカーブを描きヴァンプに落ちている。これに対してステッチが一度後方へターンし、大振りなS字型になっている意匠が、その形から「スワンネック」と呼ばれる。ヨーロッパに古くから伝わる伝統的な装飾なので、オーソドックスで古き良き紳士靴を思わせる仕様になる。

◆ ビーディング

オリエンタル

2枚のパーツを縫い合わせる際、間に2つ折りのテープを挟み込み、折り目がチラリと見えるようにする仕様。紳士靴では、アッパーとライニングの縫い目（トップライン部分）に施されることが多い。補強の役割もあるが、履き口に少しだけ重厚感が出て、紳士靴ならではの上品な印象が強調される。「玉出し」とも呼ばれる。

◆ ピンキング

トリッカーズ

革の切れ目をギザギザにする意匠。なぜか「ピンキング」と「ギンピング」という二通りの呼び方があるが、切り出す際の道具は「ピンキングハサミ」や「ピンキングマシン」と呼ばれる。ブローグでは定番の仕様。穴飾りと組み合わせたり、ギザギザの幅を大きくして目立たせると、より華やかな印象になる。ややカジュアル傾向のある靴向けの装飾。

トゥの仕様

◆ プレーントゥ

ヴァンプより先にステッチや装飾が一切なく、1枚の革からできている。最もシンプルかつオーソドックスなタイプで、色やデザインによってカジュアルからフォーマルまで、どんなキャラクターの靴にもなり得る万能的なトゥ。シンプルな外羽根との組み合わせが最もメジャーなので、「プレーントゥ」という言葉でダービーを意味している場合もある。

◆ キャップトゥ（ストレートチップ）

トゥの部分（おおむね先芯の入っている範囲）が別パーツになっていて、ほぼ直線の縫い目で縫い合わされたスタイル。このパーツをトゥキャップと呼ぶ。プレーントゥと同等にオーソドックスだが、こちらの方がドレッシーかつフォーマルなイメージが強い。縫い目にパーフォレーションがあるものは「パンチドキャップトゥ」と呼び、少しドレッシーさが増す。

◆ Uチップ／Vチップ

甲にU字（あるいは先が少し鋭角のV字）のステッチが入っているタイプ。インディアンが履いていた「モカシン」の甲の縫い目を装飾として転用したもので、通常はパーツを縫い合わせているが、プレーントゥに飾り縫いをしただけのタイプもある。甲にモカステッチが入ると、靴はややスポーティ・カジュアルの雰囲気が強まる。ただし現在の日本ならば、ビジネスユースで使っている人も多く、さほど問題ない。

◆ スワールモカシン

ヴァンプの両サイドに入ったステッチがトゥに向かって緩やかなカーブを描き、交わることなくソールとの隙間に潜り込んでいくデザイン。モカシン縫いの一種で、日本では「流れモカシン」とも呼ばれる。縦ラインが強調され、スマートに見えることがウケたのか、日本ではビジネスマンに大人気のデザインになっている。ただし、モカシンの一種である以上、本来はカジュアルユースが通常の履き方。

◆ ウィングチップ／ロングウィングチップ

鳥の翼のように滑らかな逆M字型を描き、ヴァンプの左右まで伸びるトゥ。日本では「おかめ飾り」と呼ばれる（おかめの髪型が由来のようだ）。靴全体に穴飾りをあしらった「フルブローグ」が定番のスタイルで、右写真のように、ウィングがヒールまで伸び、靴の下半分を取り巻いているタイプは「ロングウィングチップ」と呼ぶ。また、トゥだけを覆う「ショートウィング」や、ほとんど菱形になった「ダイヤモンドチップ」も稀に見かける。カントリーシューズの流れを汲んでいるので、カジュアルが基本にあるものの、ビジネスシーンでも大いに履かれる人気のスタイル。内羽根式（写真左）のもの、色が黒に近いもの、あるいは穴飾りが少ないものの方がよりカジュアル感が減るので、シーンで調節できる。

◆ トゥシェイプ

トゥの形状は、靴の性質に密接に関係している。英国の伝統を感じさせるオーソドックスな**アーモンドトゥ**や、米国を思わせるずんぐりとした**ラウンドトゥ**は、王道のグッドイヤーウェルトと相性が良い。スタイリッシュな**スクエアトゥ**や**チゼルトゥ**は、イタリア、スペイン、日本で好まれる形状。マッケイと組み合わせることで、シャープな雰囲気の相乗効果を狙うことも多い。足の形に忠実な**オブリークトゥ**は、ドイツ系に多い健康靴やウォーキングシューズなどに使われる形。**ポインテッドトゥ**は本来婦人靴に多いスタイルで、紳士靴での登場場面は限られる。

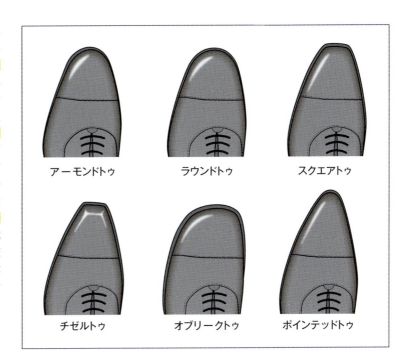

コバとソールの装飾

◆ カラス仕上げ／半カラス仕上げ

黒染めのアッパーが最もフォーマルになるのと同じで、ソールも黒く染め上げることによって、より<mark>エレガントな表情</mark>を見せる。これをカラス（もしくは全カラス）仕上げと呼ぶ。半カラスは、接地しないウエスト部分のみを染める仕上げ。引き締まった<mark>シャープなルックス</mark>になるのがポイントで、元々は絨毯や床を染料で汚さないための処置だったとか。

◆ ヴェヴェルドウエスト

<mark>ウエストの両サイド</mark>が土踏まずの形に沿うように<mark>カーブを描き</mark>、センターラインが盛り上がった状態になっている仕様。靴全体を引き締め、凛とした表情に変えることと、足を包み込むような<mark>ホールド感</mark>が履き心地を良くするメリットがある。ウエスト部分の出し縫いがミシンでは難しくなるため、高級ラインやビスポークならではの意匠と言える。

◆ テーパードヒール

<mark>ヒールが先端に向かって細くなる</mark>（テーパーが付いている）仕上げ。通常の垂直なコバがどっしりとした安定感のある比較的男らしい造りだとしたら、テーパードヒールは少し華奢な雰囲気になり、ドレッシーさが増す。また、ヒールカップからつながるラインが滑らかで美しいカーブを描くので、後ろからのルックスに特徴が出る。さほど目立つわけではないが、ドレッシーな装いに合わせたいこだわりのポイント。

◆ ダブルソール

アウトソールとウエルト（ステッチダウンなどの場合はアッパー）との間に<mark>ミッドソールを挟んで仕上げた</mark>ソール。ミッドソールを2枚入れるとトリプルソールになる。靴としての<mark>堅牢性</mark>が上がり、見た目にも<mark>重厚感</mark>のあるワイルドな仕上がりになる反面、重くなる、返りが悪くなる、足馴染みが遅くなるというデメリットもある。ワークシューズやカントリーシューズ、カジュアルシューズで好まれる仕上げ。

BASIC KNOWLEDGE OF MEN'S SHOES
紳士靴の基礎知識

◆ ストームウェルト

コバを切り開いて断面をY字型にしたウェルトを「ストームウェルト」と呼び、この一端をアッパー側にはみ出させた状態で取り付け、アッパーとウェルトの間の溝を埋めることで防塵性、防水性を持たせる仕様。ダブルウェルト仕様とともに、野良仕事に使われたというカントリーシューズなどに採用されていることが多い（詳しい構造は24ページ）。

◆ ダブルウェルト

アッパー全体にウェルトを縫い付けた仕様。靴が頑丈になるが、コバの張り出しが大きくなり、重くなる。これに対し、ヒールの部分はウェルトを縫い付けず、ハチマキとヒールリフトを釘と接着剤のみで取り付けている（9ページのイラスト参照）ものを「シングルウェルト」と呼ぶ。ほとんどの紳士靴はドレスシューズやビジネスシューズとして履かれるので、シングルになっている。

ダブルウェルト

ストームウェルト

◆ ラスターヒール

最も摩耗しやすいヒールの後端部分に埋め込まれたラバーが「ラスター」。写真のような三日月形の他、くさび形やV字型のラスターがある。近年の大抵の紳士靴に付いている定番の仕様。

◆ ヒドゥン チャネル

アウトソールを縫い付けている出し縫いの糸を隠す仕様。革に入れた切り込みの内側を縫い、縫い終えたら接着して隠す。見た目をすっきりさせる他、摩耗や水の染み込みを防止する役割もある。

◆ トゥチップ

ソールの先端に取り付け、摩耗などのダメージから守るパーツ。ラバー製もあるが、スチール製は「ヴィンテージスチール」とも呼ばれ、歩く時に鳴るシャープな金属音を気に入っている人も多い。

ラスターヒール　　ヒドゥンチャネル　　トゥチップ

23

Various Process Of Bottoming
底付けの製法

靴を理解するための要素として覚えておくと便利

　底付けの製法は、その靴の用途や持たせたい機能、履かれるシチュエーション、または製造コストなど、いろいろな要素によって決められる。目的に合った靴を選べば、結果として必然的な製法が使われているため、選択基準として絶対視する必要こそないが、その靴がどんな性格を持っているかを理解するための材料としては非常に重要だ。どの製法も一長一短なので、ケースバイケースで使い分けられるよう、フレキシブルに考えることをオススメする。

グッドイヤーウェルテッド製法

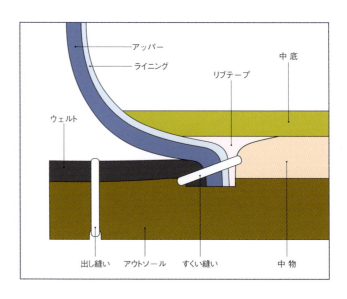

次に紹介するハンドソーンウェルテッドを元に、機械で量産できるようにアレンジが加えられたスタイル。本書で紹介するような英国式のオーソドックスな紳士靴は、この製法で作られていることが多い。中底の端に、「リブテープ」という断面がT字型のテープを接着し、そこにアッパーとウェルトをすくい縫いする。ウェルトを介してアウトソールを縫い付けることで、作りが堅牢になり、重厚感も出る。また、アウトソールのみの張り替えができるので、長持ちする。ただし、靴の屈曲と直角方向にリブが立っているため、ハンドソーンと比べると返り(※)が悪くなると言われる。1880年頃にアメリカのチャールズ・グッドイヤー二世が開発。

◆ ヒドゥンチャネル

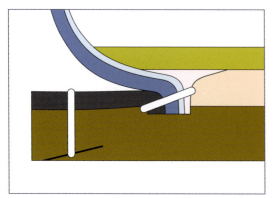

「ヒドゥンチャネル(P.23)」の構造。アウトソールの切れ込みに出し縫いの下端が隠され、直接地面に接触しないようになっている

◆ ストームウェルト

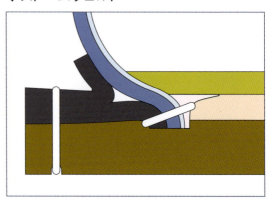

「ストームウェルト(P.23)」は、ウェルトが3股に分かれ、その一端がアッパーとウェルトの隙間を塞ぐ形で取り付けられる

※返り：靴の屈曲性の度合いを表す。「返りが良い」とは、足の動きに合わせて柔軟に反ってくれるということ。

BASIC KNOWLEDGE OF MEN'S SHOES
紳士靴の基礎知識

ハンドソーンウェルテッド製法

紳士靴の定番のスタイルである「ウェルテッド製法」の源流。厚手の中底に「ドブ」と呼ばれる溝を切り込み、そこからアッパーとウェルトをすくい縫いする。グッドイヤーと比べると構造が簡単なので返りが良く、足馴染みが早いとされる。もちろん時間や技術が必要で、生産性が低いためコストが上がり、日本では高級既製靴やビスポークでのみ見られる製法として認識されていた。しかし最近では、比較的リーズナブルな価格帯の既製靴でもハンドソーンの靴が見られる。底付けの工程の中で、ウェルトのすくい縫いまでを手仕事で行ない、アウトソールの出し縫いのみを機械（ミシン）で行なう「九分（くぶ）仕立て」という手法が多い。出し縫いまで手作業で縫えば「十分仕立て」、あるいは「フルハンド」と呼ばれる。

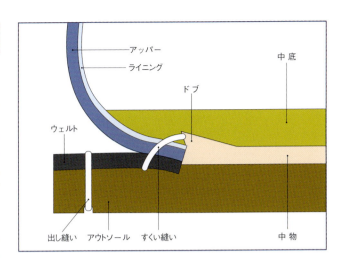

すくい縫いの様子。先端がカーブした「すくい針」という道具でインソールからウェルトまで穴をあけ、糸で縫い合わせている
写真提供＝世界長ユニオン

マッケイ製法

中底、アッパー、アウトソールを靴の内側で一度に縫い合わせる製法。構造が単純なので軽くて柔軟性があること、コストが安いこと、コバの張り出しが少なくできるため、ウェルト靴よりも細身のシルエットが作りやすいことなどがメリット。デメリットは、ステッチから靴の内部に水が染み込んでくることがあることや、繰り返し縫い直せないのでソール交換には向いていないことなどがある。「細身に作れる」ということは、靴で表現できる形が広がるということ。そのためか、スタイリッシュなフォルムにこだわるイタリアの靴には、マッケイ製法が多い。1858年にアメリカのブレイク氏が開発した技術の権利を、後にマッケイ氏が買い取って普及させた経緯があり、「ブレイク製法（英語読み）」や「ブラック製法（伊語読み）」とも呼ばれる。

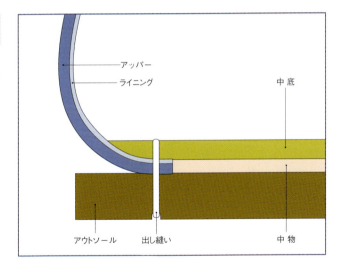

靴の内側を覗くとマッケイ縫いのステッチが見えることが多いので、ここでマッケイ製法であることを判断できる（アウトソール側のステッチは隠されていることもある）

ノルウィージャンウェルト製法

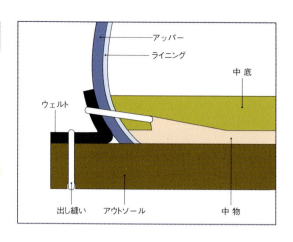

ウェルト式の一種。==ウェルトをL字に折り曲げた状態==でアッパーの外側に重ねて縫い合わせるので、アッパーとソールの隙間が埋まり、==堅牢性==や==防水性==が高まる。登山靴などに使われている製法だが、一部のカジュアルシューズにも使用されている。また派生型として、ウェルトを廃しアッパーを外側に折り曲げて中底と縫い合わせた、イタリア産の「==ノルヴェジェーゼ(ノルウィージャンの伊語)製法==」があり、こちらはドレスシューズでよく使われる。

ドイツのブランド、ハインリッヒディンケルアッカー(P.73)のノルウィージャンウェルテッド製法の靴。すくい縫いは3本の糸を編み込みながら縫っている

◆ ノルヴェジェーゼ製法

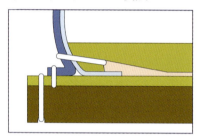

セメンテッド製法

アッパーとソールを==接着剤で貼り合わせる==製法。底付け工程を機械化することができるので、==大量生産==に向き、大幅な==コストダウン==が望める。樹脂製のため防水性が高く、軽く、返りも良く、価格は安く、デザインの自由度も高い。ただし、ソールの張り替えが基本的にできないので、靴自体が消耗品になってしまう。機能的には優れているのに、紳士靴のファンから敬遠されてしまう理由は、この辺りにある。

オパンケ(オパンカ)製法

ソールの==ヘリを巻き上げ==、アッパーの上に被せて縫い付ける製法。縫い目が外側から見えるため、独特なルックスになる。ソール全体に施す場合と、土踏まずのフィット感を高めるため、その部分のみに施す場合がある。また、下のイラストのようにミッドソールをオパンケ縫いで取り付け、さらに別体のアウトソールを取り付けるタイプの他にも、アウトソール自体を巻き上げているバリエーションもある。

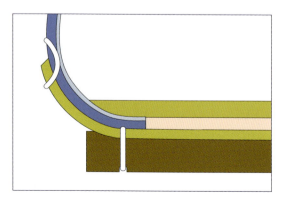

モカシン製法

北米の先住民が使っていた袋状の履物「モカシン」の造りを発展させたもの。袋状にしたアッパーにアウトソールをマッケイ縫いで取り付ける、マッケイ製法の派生型。甲の縫い目が、Uチップと同じようなモカステッチになる。底付けだけではなく、製甲にも関わるイレギュラーな製法なので、見た目や履き心地は大きく変化する。また、ここで紹介する製法の中では、最も原初的な靴に近い。

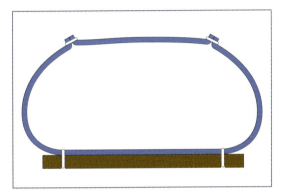

ボロネーゼ製法

ボローニャで生まれた、マッケイ製法の派生型。中底を使わずにライニングを筒状に縫い合わせ、そこにマッケイ縫いで底付けする。モカシンを逆さにしたような構造。丈夫さや安定性が必要になる靴の後ろ半分には、他の製法と同じく中底が入れられ、トゥには先芯も入れられるので、見た目はオーソドックスな紳士靴に近くなる。足を包み込むようなフィット感が得られ、軽くて柔軟性に富んだ仕上がりになる。

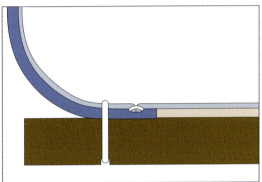

ブラックラピド製法

マッケイ縫いでミッドソールを縫い付けた後、さらにアウトソールを出し縫いで取り付ける方式。グッドイヤーウェルトのすくい縫いの部分をマッケイ縫いで代用したことにより、より効率的に靴を作ることができる。また、出し縫いでアウトソールを付けているので、マッケイ縫いの弱点であるソール交換ができないことや、靴内部に水が染み込むこともカバーしている。バランスの取れた優れた製法と言える。

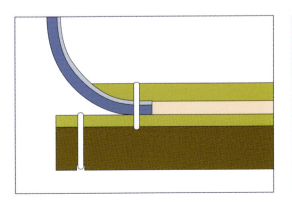

ステッチダウン製法

つり込みの際、アッパーの端を外側に広げてソールとの縫い代にする製法。ライニングは内側につり込まれ、中底に接着する（ライニングがない場合もある）。出し縫いは、ウェルト靴の雰囲気を出すため、あるいは単純に装飾のため、細革というパーツを同時に縫い付けることがある。返りが良く、構造がシンプルなので製造効率も良いが、カジュアルな雰囲気になり、ソール交換には向いていない。

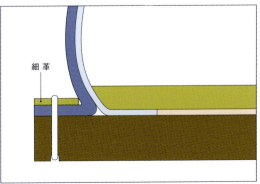

Materials Of Men's Shoes
紳士靴に使われる素材

見た目だけではなく用途にも影響する素材

　靴に使われる素材を挙げていくとキリがないが、一般的な紳士靴をベースに考えれば、ある程度は絞られてくる。一部、布などの繊維素材から作られたものを除けば、やはりメインは革だ（ここでは人工皮革は除外する）。

　革の種類や良し悪しによって、靴の表情や性質は大きく変化する。特にアッパーは、素材によって用途さえ変わるケースもある。ここでは、アッパーに使われる革の種類を中心に解説し、ソールやライニングについても触れる。

スムースレザー（牛革）

　シボ（シワ）や起毛加工がされていない滑らかな表面を持つノーマルな革を、スムースレザーと呼ぶ。オーソドックスな紳士靴はほとんどが牛革のスムースレザーから作られているので、非常にメジャーな素材と言える。また、山羊革（キッドやゴート）等、他の動物が使われることもある。靴のアッパーに使われる革は、「クロムなめし」という柔軟性と耐久性が出せる手法で作られた革を染料や顔料で着色し、表面に色止め処理をするのが一般的。また、製靴工程の最後にクリームとワックスで表面をコーティングするため、革にある細かな毛穴が埋まり、さらにツヤのある平滑な仕上がりになる。「カーフ」と呼ばれる仔牛の革は、毛穴がより小さく、表面のキメが細かいので、比較的高価な靴に使われ、いわゆる「良質の革」とされている。

◆ カーフ

カーフは生後6ヵ月以内の仔牛の皮が原料。キメが細かく傷が少ないので滑らかな表面になり、靴の材料としては良質とされる。しかし、流通量が少ない上、体躯が小さい牛からは小さい革しか作れない。必然的に、大人の牛から取った通常の革よりも貴重で高価になる

「革」とは一体なんなのか？

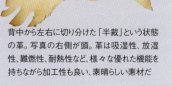

動物の皮は細かな繊維が複雑に絡み合った、伸縮性や耐久性に優れた上質な素材。しかし、水分を抜かなければ腐るし、乾燥させるとカチカチに固くなる。そこで、柔軟性を保ちながら防腐処理を施し、実用的な素材に加工する必要がある。この作業を「なめす」と言い、なめしを経ることで「皮」は「革」になる。

背中から左右に切り分けた「半裁」という状態の革。写真の右側が頭。革は吸湿性、放湿性、難燃性、耐熱性など、様々な優れた機能を持ちながら加工性も良い、素晴らしい素材だ

BASIC KNOWLEDGE OF MEN'S SHOES
紳士靴の基礎知識

スエード／ヌバック

スエードは革の裏面（床面）の繊維を起毛させて毛足を整えた革。ヌバックは表面（銀面）を削り、故意に毛羽立たせて整えた革で、スエードよりも毛足が短め。どちらもマットな質感が特徴になっている。比較的カジュアルな印象だが、スムースレザーよりも傷や汚れを気にしなくてよいため、使い勝手が良い。撥水加工を施せばさらに水や汚れが付着しにくくなるので、雨の日に履く靴としても役に立つ。

コードバン

ある種の馬の臀部周辺に存在する「コードバン層」という緻密な繊維質を取り出し、革にしたもの。通常の革は銀面と呼ばれる平滑な真皮層を表面に使うが、コードバンは銀面を削って露出させたコードバン層の繊維を、オイルやワックスで撫で付けるように平らに均し、しっとりとした独特のツヤを出している。希少価値が高い上、安定的に取り扱えるメーカーも少ないため、コードバンの靴は必然的に高価になる。

ガラス仕上げ

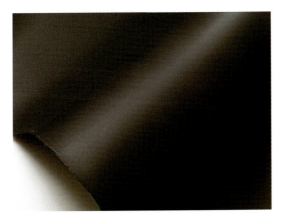

銀面を一度ヤスリがけし、その上から顔料や樹脂を塗って平滑に仕上げた革。樹脂を乾かすときにガラス板等に貼り付けることから、この名が付く。革には、動物が生きていたときに付いた傷など、靴に使えない部分が少なからず存在するが、ガラス仕上げなら程度の悪い革も均一に使える素材に加工できる。その代わり、革の自然な風合いは少し損なわれ、柔軟性が減るので表面が割れやすくなる。材料コストは大幅に抑えられるので、安価な靴によく使われる。

エキゾチックレザー

一般的な動物（簡単に言えば家畜として飼われない動物）以外の革を、総じてエキゾチックレザーと呼ぶ。写真はリザード（トカゲ）だが、この他にもクロコ（ワニ）、ヘビ、オーストリッチ（ダチョウ）、ラクダ、シャーク（サメ）、などバラエティに富んだ素材があり、それぞれ珍しいケースではあるものの、紳士靴に使われている。比較的高価で取り扱いが難しいが、ありふれた革にはない強い個性を発揮するので、アクセサリー感覚で靴を履くことができる。

エナメル（パテント）レザー

表面に樹脂を塗り、平滑に仕上げた革。ガラス仕上げは革の質感に近づけるが、エナメルは完全に樹脂の質感を表に出す。パテントレザーの別名は、特許（＝パテント）技術だったことから。防水性や防汚性が高く、ワックス仕上げが不要なので手入れが楽。クリームやワックスでレディーの服を汚すことがないという理由から、舞踏会やパーティなどフォーマルな場で履く靴は黒のエナメルで作られる。

型押し革（エンボスレザー）

革製造の仕上げ段階で、鉄板やローラー状のスタンプを押し付けて模様を付けたもの。小石を散りばめたようなつぶつぶ模様を付けた革を「スコッチグレインレザー」と呼び、スコットランドで古くから使われる伝統的な柄として、現在でもクラシックな雰囲気の紳士靴に使われる（つぶの細かさによって呼び名が変わることもある）。また、エキゾチックレザーの模様を真似た型押し革などもある。

アウトソールの素材

ソールは、「革底」とゴムなどの合成素材を使った「合成底」に大別される。固く摩耗に強い「タンニンなめし」の革を使った革底は、高級感のある見た目や返り（※）の良さが特徴だが、地面が濡れていると非常に滑りやすく、比較的摩耗が早い。合成底は、耐久性が高い、ウェットな路面でも滑りにくい、水分にも強いなどのメリットがあるが、返りが悪く、ソールに対する装飾はほとんど施せなくなる。一長一短なので、用途に合わせたセレクトが大切になる。

ライニング（裏地）

靴のライニングには、摩耗に強く色落ちを抑えた専用の革を使う（一部的、あるいは全面に生地を使用することもある）。足に直接触れる部分だけあり、感触の良さや吸湿性などの機能が求められるため、ライニングを専門に取り扱う業者も存在する。素材は牛革、馬革、豚革など様々。ベージュや薄茶などナチュラルな色に染められていることが多い。ライニングを基準に靴を選ぶことは少ないが、靴の履き心地や雰囲気にも影響する、意外と重要なパーツだ。

※返り：靴の屈曲性の度合いを表す。「返りが良い」とは、足の動きに合わせて柔軟に反ってくれるということ。

BASIC KNOWLEDGE OF MEN'S SHOES
紳士靴の基礎知識

⚜ Understanding Character Of Shoes
靴のキャラクターをつかむ

その場にいる相手がどう感じるかがポイント

ここまでの解説でも度々登場している「フォーマル」や「ドレッシー」という言葉。靴のキャラクターとして、履いている人を見ている人（相手）が感じ取るイメージのことなのだが、これを決めるのは社会的・文化的背景、その場の雰囲気、また集まっている人の考え方など様々な要素で変化するので、絶対的な基準は存在しない。とは言え、ある程度はセオリーとして決まっているので、それをベースにケースバイケースで靴を使い分けていくのが良いだろう。

フォーマル度とドレッシー度の守備範囲を考える

◆ フォーマル度
日本の文化では、フォーマルさが必要な冠婚葬祭には黒のオックスフォードかダービーが基本。色が薄くなるほど、また、アッパーにステッチや金具などの装飾が凝らされているものほど、カジュアル感が強くなっていくので、スーツスタイルなどでは注意して雰囲気を決めると良い。

◆ ビジネス度
ビジネス向きという概念は定義が難しいが、仕事相手に不快に思わせないことが肝心。従って、不必要なカジュアルさやドレッシーさは控えることが大切だ。シーンごとに相手に失礼にならない範囲を考え、ダークブラウンやネイビー色などの無難な色味でまとめるのがおすすめ。

◆ ドレッシー度
パーティなどの華やかな場に着ていく服は、カチッとしたスーツではなく、少し崩したセットアップやジャケパンスタイルなども多い。そんなときに、ビジネスやフォーマルな場と同じ靴では、やや靴が浮いてしまうので、アッパーに装飾が施されたモンクストラップやブローグなどの靴が役に立つ。

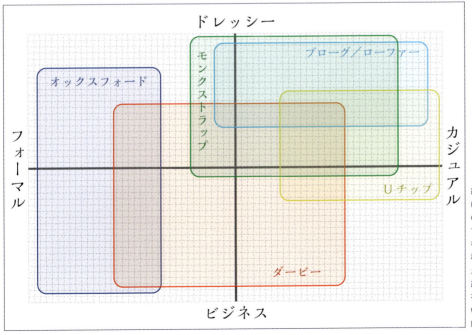

紳士靴の各スタイルについて、守備範囲のイメージを座標軸で表した。色や素材を選ぶことで、ある程度はイメージを変えることができるし、絶対的なルールが存在するわけではないので、あくまでも傾向と考えてほしい

About Shoelace
シューレース(靴紐)について

気軽に靴の雰囲気をアレンジできるシューレース

既製靴には元々シューレースが付属している。しかし、パーティ向けの靴をカジュアルで使ったり、普段使いの靴をビジネスに持ち出したりする際、シューレースを変えるだけでも雰囲気がグッと場にマッチすることがある。微妙な違いを理解して使い分けると靴のアレンジを楽しめる。

また、シューレースの通し方は、ここで紹介する2種類を覚えればほぼ完璧(カジュアルシューズでは、スニーカーのようにクロスさせる通し方も使える)。

シューレースの種類と選び方

まずは太さを考える。ドレスシューズやフォーマルシューズの場合、繊細な細め(2〜3mm)のレース、カジュアルユースなら少し太め(3mm以上)が最適。太さを決める目安は、アイレットの大きさに合わせることだ。また、丸紐と平紐で雰囲気が割と変わる。比べると丸紐の方が繊細でドレッシー、平紐の方がクラシカルでカジュアルな雰囲気になるが、最終的には好みで決めて良いだろう。また、丸と平それぞれワックスを擦り込んだ「ロウ引き」のタイプがあり、少し上品な雰囲気になる(結び目が若干ほどけやすくなる)。また、カントリーシューズなどには、太めで表面がややゴツゴツとした(石目柄)編み紐を用いるのが一般的。色に関しては、靴のアッパーの色に合わせるのが基本。

◆ 紳士靴によく使われるシューレース

様々な種類のシューレースが存在するが、大きくタイプで分けると以下の5通りになる。①最も一般的な丸のガス紐 ②ロウ引きの丸紐 ③平のガス紐 ④ロウ引きの平紐 ⑤カントリーシューズ向けの編み紐

◆ 長さの目安

アイレットの数	レースの長さ
2対	50〜60cm
3対	55〜65cm
4対	60〜70cm
5対	65〜75cm
6対	70〜80cm

購入する際、意外と迷うのが長さ。レースステーからはみ出る長さが、左右それぞれ20cm強が適切。元々付いていたレースを測るのがベストだが、目安は上記の通り

◆ 丸紐と平紐

同じ太さで比べると、丸紐の方が少し繊細でドレッシーな雰囲気になり、平紐はクラシックな紳士靴といった表情になる

◆ 編み紐

表面の編み込みの凹凸(石目柄と表現する)が質感として出るので、繊細さは減るがカントリーシューズにぴったりのカジュアル感が出せる

シューレースの通し方

BASIC KNOWLEDGE OF MEN'S SHOES
紳士靴の基礎知識

表側のレースが水平になる、オーソドックスな2つの通し方。しっかりと締め込めるパラレルの方がおすすめ。また、左右の靴で対称になるように紐を通すと、バランスよく見える。

◆ パラレル

一番下のアイレットに、レースの両端を表から通す

裏側でクロスさせ、片方を2段目、もう片方を3段目の穴から表に出す

表側のレースが水平になるように、両側とも同じ段の隣の穴から裏側に向けて通す

上から2段目のレース（黄色）を、残るもう1段に通す

裏側でクロスさせ、レースの両側とも1段飛ばした穴から表に出す

結んだら完了。アイレットの数が異なる場合も、始めと終わりは同じ手順でレースを通せば良い

◆ シングル

一番下のアイレットにレースの両端を通したら、片側を一番上に通す

もう一方のレースのみで、表側が水平になるように通していく

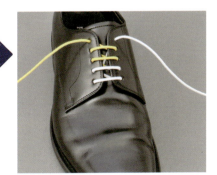
一番上まで行ったら結んで完了。通すのは簡単だが、レースが偏るので左右の長さ調整は少し面倒になる

✤ About Shoe Fitting
靴と足をフィットさせる

自分の足の特徴を知っているほど靴選びが楽になる

　人の足の形は千差万別。堅牢な作りの紳士靴のサイズ合わせは、スニーカーなど他の靴よりもことさらシビアだ。完璧なフィットを求めるのであれば、オーダーメイドを数回繰り返すしかない。しかし、そうも言っていられない。少しでも足にぴったりの靴を見つけ出せるよう、サイズ選びに役立つフィッティングの基本的な概念を解説する。

レングス（長さ）とウィズ（幅）の関係

　日本ではJIS規格によって、0.5センチ刻みのレングスと、A〜Gの10サイズのウィズが定められている（なぜかEは4Eまでである）。左下の方法で足の各所を測れば、右下の表で自分のウィズが把握できる。国産靴はこれで選びやすくなるが、注意したいのは海外の靴。JIS規格は人の足を測定した数値が基準だが、海外は木型のサイズが基準なので、基本的に換算が難しい。また、インチ規格のイギリス・アメリカの間でも測定の基点が異なるため多少ズレがあり、フランスとヨーロッパはセンチ規格であるものの、木型基準なのでJISの数値と大幅にズレる。ひとまずは目安の表を見て、だいたいのアタリを付けてほしい。ウィズに関しても、各国独自の測定方法と規格を使っていて微妙にズレるので、JIS規格のウィズをそのまま当てはめるのは危険。あくまで参考程度に考えておき、実際に試着して確かめるのがベストな方法だ。

◆ 足長・足幅・足囲の測り方

レングス＝足長（①）は、前端と後端の直線距離。測るときは、直線が第二趾の中心を通るようにするのがポイント。足幅（②）は、「ボールガース」と呼ばれる足の一番幅が広い部分。両側の骨が出っ張っている部分を横に結んだ直線の長さだ。足囲は、同じ部分をぐるりと一周させた長さ

◆ 各国のサイズ表記（目安）

イギリス	フランス	アメリカ	ヨーロッパ	日本（JIS）
5	38.5	5.5	37	23.5
5.5	39	6	38	24
6	39.5	6.5	39	24.5
6.5	40	7	40	25
7	40.5	7.5	41	25.5
7.5	41	8	42	26
8	41.5	8.5	43	26.5
8.5	42	9	44	27
9	42.5	9.5	45	27.5
9.5	43	10	46	28
10	43.5	10.5	47	28.5

◆ ウィズのJIS規格表（男性用）

足長	D		E		EE（2E）		EEE（3E）		EEEE（4E）	
	足囲	足幅	足囲	足幅	足囲	足幅	足囲	足幅	足囲	足幅
23.5	228	94	234	96	240	98	246	100	252	102
24.0	231	95	237	97	243	99	249	101	255	103
24.5	234	96	240	98	246	100	252	103	258	105
25.0	237	98	243	100	249	102	255	104	261	106
25.5	240	99	246	101	252	103	258	105	264	107
26.0	243	100	249	102	255	104	261	106	267	108
26.5	246	101	252	103	258	105	264	107	270	109
27.0	249	103	255	105	261	107	267	109	273	111
27.5	252	104	258	106	264	108	270	110	276	112
28.0	255	105	261	107	267	109	273	111	279	113

※A、B、C、F、Gは省略しています

BASIC KNOWLEDGE OF MEN'S SHOES
紳士靴の基礎知識

足に合う靴の探し方

①足の形3タイプを知る

足の形は大きく3タイプに分けられる(イラスト1参照)。日本人に最も多いのは「エジプト型」、次いで欧米人の主流である「ギリシャ型」、そして「スクエア型」が最も少ない。紳士靴でオーソドックスなアーモンドトゥやラウンドトゥは、ギリシャ型に最適。また、エジプト型はオブリークトゥ、スクエア型はスクエアトゥがそれぞれ最適と言われる(トゥシェイプについての詳しい解説はP.21)。したがって、ヨーロッパ系の人気ブランドに足が合いやすいという点では、ギリシャ型が有利だ。しかし、国産の靴はオーソドックスなラウンドトゥでありながら、日本人に多いエジプト型にも合いやすいようラストが工夫してある場合もある。自分の足がどのタイプかを把握し、どんな靴が合いやすいかを知ることで、靴選びはグッと的が絞られるはずだ。

②ウィズ展開は海外ブランドの方が不利

ウィズは「EE」が平均の日本人に対し、欧米では「D」程度が平均。そのため、海外ブランドはウィズ展開が日本人に合っていないことが多い。さらに、全サイズを輸入しているわけではないので、国内でのウィズの品揃え自体も少なくなる。レアなブランドは、ウィズに関してはワンサイズしか在庫していないというケースさえあるのだ。対して、国産ブランドは日本人の足を考えているため、3Eや4Eなど幅広く用意しているケースもある。足幅が平均より広い人は靴探しに苦労するが、国産を中心に探せば必ず見つかるはずだ。

③靴が足に正しくフィットしている状態

靴が足をホールドするポイントは、一番幅が広い部分である「ボールガース」と「ヒールカップ」(イラスト2参照)。この周辺が、均等に足に触れている状態がベストだ。反対に、つま先の先には「捨て寸」という1～1.5センチの空間があり、指がある程度自由になっている状態が良い。ボールガースの固定が緩すぎると、足が靴の中で前に動き、つま先周辺が靴内部に当たる。すると靴ズレや足の病の原因になってしまう。つまり、日本人なので自分は幅広だと決め付け、ウィズが実際よりも広すぎる靴を履いていると、逆に当たりが強く出る場合もあるのだ。また、直立した状態では当たりがなくても、歩いて足が動くと当たる場合もある。履いたときに痛みがなかったとしても、注意が必要だ。足に正しくフィットさせる履き方は、次のページで詳しく解説する。

④自分の足に合う靴を探そう

①～③の条件でかなりの絞り込みはできるが、足にぴったりの靴に出会うには、率直に言えば様々な靴を試着して試すしかない。1足の靴を買うために、10足以上を試着することは厭わない。この意気込みが必要だ。ただし、試着で甲にシワを付けるのは基本的にマナー違反なので、店頭では注意しよう。試着の際の注意点をいくつか。まず、靴下の厚みで劇的にフィット感は変わるので、実際に履くときと同じ靴下を用意すること。店によっては、正装用の靴下を貸してくれるところもある。また、お酒の席で履くことが多いドレスシューズは、足がむくんだ状態を考慮すること。その靴を履くのが日常なのか、めったに無いフォーマルな場なのか、こういったことも念頭に置いて試着することで、より快適に履ける靴を選び取れる確率は格段にアップするはずだ。

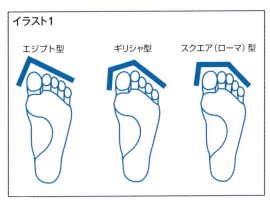

第一趾(親指)が最も前に出ているのが「エジプト型」で、第二趾が前に出ているのが「ギリシャ型」、第三趾くらいまで平均的な長さなら「スクエア型」。それぞれの国の彫刻像の足を調べたらこの結果だったから、という説がある

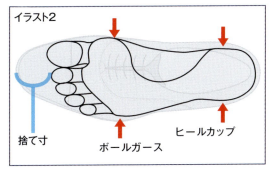

本書でも度々登場している「ボールガース」はフィッティングの重要なポイント。ヒールカップとともに2ヵ所でカカトと甲をしっかりとホールドすることで、足が靴の中で動かず、かつ歩きに合わせて靴が柔軟に曲がってくれる

✠ To Wear Shoes Correctly
靴を正しく履く

靴ズレや歩きづらさの原因はサイズではなく履き方かもしれない

どんなにサイズや形が足に合った靴でも、正しい履き方をしなければ、歩きづらかったり、傷みが早まってしまったりする場合もある。間違った履き方の例としては、カカトや甲がフィットしていない状態で歩き、足が靴の中で動いて擦れてしまっているケース。また、シューホーン（靴べら）を使わずに履くと、正しく履けないどころか、履き口を傷めて靴の劣化を早めてしまう。下の手順を参考に正しく靴を履き、靴の性能を最大限に発揮させることをおすすめする。

また、紳士靴を履くときに最適な、ほどけにくく美しい結び方を紹介するので、覚えて活用してほしい。

靴をしっかりと履く手順

シューレースを緩めた状態で、シューホーンを使って足を入れ、カカトがカウンターに密着するよう、後ろ側に押し付ける。腰を下ろした体勢で足を立てるとよい

足の先の方からシューレースを引き締めていき、甲の部分をしっかりホールドさせる。ボールガース（※）から土踏まず辺りにフィット感を感じる

最後に、痛くならない程度にシューレースを引き締め、完全にフィットさせてから結ぶ。サイズが合っていれば、足の指はある程度自由に動かせる

ほどけにくい結び方

左右のシューレースを絡ませるときに、通常は一周させるだけだが、二周させる

蝶結びするために、片方のレースをもう一方に巻き付ける。ここでも通常一周のところを二周させる

結び目の形を整えながら引き締めていく。ほどけにくく、2つのコブが並んだきれいな結び目になる

※ボールガース：足の指の付け根にある関節部分（ボールジョイント）の周囲

BASIC KNOWLEDGE OF MEN'S SHOES
紳士靴の基礎知識

♦ Questions And Answers
Q&A ―みんなが気になる靴の知識①―

Q.「ラスト」ってなんですか?

ラストとは、アッパーを成形する際に使う内型(木型)のこと。転じて、靴のフォルムそのものを指すこともある。革は伸縮する素材なので、引っ張って伸ばしたり叩いて縮めたりすることで、ラストの形に忠実に沿わせることができる。この作業を「つり込み」と呼ぶ。ラストの形は靴のデザインや足へのフィット感、歩きやすさなどに直結するため、靴の本質的な要素として非常に重要だ。既製靴では個人個人の足に合わせたラストが作れないので、各メーカーは多くの人に万能的に合い、なおかつ造形的にも均整の取れたラストを目指し、各々の技術やノウハウを注ぎ込んで作っている。そのため、人気ブランドの人気モデルは、しばしばラストの良し悪しで判断されたりもする。

Q.「返り」の良さは重要ですか?

「底付けの製法(P.24〜)」などで「返り」という言葉が度々登場する。これは、靴の屈曲性の度合いを示していて、「返りが良い」ということは、靴が歩く際の足の動きに合わせて柔軟に屈曲してくれることを意味する。返りが悪い靴を履いていると、動きが阻害されて足が痛んだり、疲れやすくなることがある。ただし、返りは「スプリング」とも呼ばれ、足を跳ね上げる動きを助けるバネの役割もする。そのため、たくさん歩く場合などは、ある程度の反発力がある靴の方が却って歩きやすいこともある。

Q.最も優れた製法はどれですか?

靴の製法は、それぞれケースバイケースの使い勝手や、思い描いたデザインを実現するために試行錯誤して生まれたもの。本書で紹介しているのは、その中でも特に需要があり、現在でも多く見られる主要なものだ。これらの製法に優劣はなく、それぞれの特色を活かして適材適所に使われている。ただし、一足の靴を長く大切に使いたいと思う場合は、ソール交換ができるグッドイヤーウェルテッドや、ハンドソーンウェルテッドを選ぶことをおすすめする。

Q.基礎知識が膨大で覚えきれません。

ある程度のひな形があるとは言え、靴は様々な要素から成り立っているので、メーカーやモデルによって実に多種多様。はじめから全ての要素を踏まえて比べようとすると、とたんに分からなくなる。まずは定番の靴とされるオーソドックスな「オックスフォード」や「ダービー」を手に入れ、履き込むことをおすすめする。そのうちに、人の履いている靴と並んで見比べる機会などが増えていけば、例えば素材について、製法について、細部の装飾について、その微妙な違いをつかめるようになるはずだ。新しい要素を学ぶ度に靴も見方も変化していく。そんな過程を楽しむことも、紳士靴を趣味とする醍醐味と言えるかもしれない。

SPECIAL THANKS
Order R
東京都北区堀船3-32-3
TEL & FAX 03-6240-8176
URL http://homepage2.nifty.com/kijim-earl/
MAIL leather-order@r.nifty.jp
BLOG http://leather-order.jugem.jp/

オーダーRは、基礎知識の記事を監修してくださった木島慎哉氏が運営するショップ。オーダーメイドを中心に靴・鞄・洋服・革小物を販売している。

デザイナー
木島慎哉 氏

アパレルや靴の販売業を経験した後、製作技術を学びながらシューフィッターの資格を取得。オーダーR開設後も靴のオーダーメイド、プロダクトデザインなどを手がける。現在は東京都立城東職業能力開発センター台東分校で製くつ科の講師も務め、東京マイスター、北区マイスターなど受賞経験も多い

紳士靴のセレクト術

HOW TO SELECT YOUR SHOES

無数のバリエーションの中から一足を選ぶのは、指針がなければ非常に困難だ。ここでは、世界中のあらゆる靴を取り扱う伊勢丹新宿店に協力を仰ぎ、楽しみながら靴を選ぶ方法や、シチュエーションごとのおすすめ靴を紹介する。

SPECIAL THANKS

伊勢丹新宿店

靴選びのノウハウをご教授くださったのは、伊勢丹新宿店で靴売り場を担当する、越前屋大樹氏。様々な靴の悩みを解決し、たくさんの人の要望に応えてきただけあり、適切なアドバイスを頂くことができた。

※ショップ情報はP.43に掲載

⚜ Plan For Buying Shoes
靴選びのワークフロー

靴を選ぶための三大要素とは?

　靴選びでは、サイズの他にも「デザイン」、「素材」、「色」の三大要素が重要となる。これらの組み合わせで、見る側が受ける印象がガラリと変わり、履き味や機能性も異なってくる。例えば、黒に近い暗い色になるほど、フォーマルで落ち着いたイメージが強まり、明るくなるとカジュアルなイメージになる。素材は守備範囲の広いスムースレザーが主力だが、カジュアルさやドレッシーさを出すためにスエードを選んだり、特定のフォーマルな場ならエナメルが必要になる。

　これは個人の好みを超えて、社会的なマナーやルールとして決まったことと言える。「好きなデザインの靴を履く」よりも、「相手がどう思うか」が優先。これが紳士靴を選ぶときのポイントだ。靴選びが上手い人は、靴が輝いているのではなく、履いている人が輝いているような印象を与えられる。どんなに高価で立派な靴でも、使うシチュエーションや合わせる服を間違えると、ただの自己満足だ。

シチュエーションが決まればブレない

　ということで、履くシチュエーション＝靴の用途は、なるべく具体的に想定しておくのが良い。

　例えば仕事用でも、大切なプレゼンや契約のときならフォーマルで手堅い靴、外回りが多ければ軽量で歩きやすい靴、作業をするなら耐久性のある合成底の靴などと、重視するスペックが変化する。色やデザインも職場の雰囲気に合わせた方が良いので、カッチリとしたスーツの会社か、クールビズか、私服かで変わる。

　また、カジュアルユースなら、海辺のリゾート、街歩きやレストランの食事、リラックスした休日用などのシチュエーションの他に、デニムパンツ、チノパン、ハーフパンツなど、着ている服も想像したい。冠婚葬祭用の靴が欲しい場合も、披露宴か、友達同士の結婚パーティか、お通夜やお葬式かを明確にする。望みのシーンをカバーできる要素で的を絞れば、必要としている靴が浮かび上がってくる。

　自分で判断できない場合も、用途が具体的ならばショップスタッフも提案しやすい。履きたい場面の格好をしていくのも有効だ。用途が曖昧だと、好みであれこれと目移りしてしまうため選択の軸がブレる。結果として、あまり履かない靴を買う事態に陥ってしまうこともある。

サイズと予算を大まかに決める

　他にも2点、お店に行く前に決めておきたいことがある。

　まず、レングスやウィズを測って大まかなサイズを把握し、自分の足のタイプを理解しておく(手順はP.34～参照)。過去の経験から、合わなかった靴のタイプを整理しておくことも役に立つだろう。さらに、予算を決めておくと、現場で候補を絞りやすくなる。靴はピンキリなので、どんな価格帯でも、ある程度は用途に合ったものが手に入るはずだ。ただし、予算が高い方が選択肢は増える。また、ファストファッションと同じく、安価な靴は誰にでも無理なく履けるような無難なラストで作られている。つまり、より攻めたフィット感を求めたければ、必然的に価格の高い靴になる。

　サイズと予算が分かれば、無駄な試着が減らせるため、現場で靴選びをスムーズに進めることができる。

お店で靴を選ぶ

　ここまでのポイントを踏まえ、いざ店頭に行ったら注意することは、決めつけ過ぎないこと。靴のデザインや素材、構造、フィッティングに対する考え方は、靴メーカーによって違い、販売店やスタッフによって異なることもしばしばある。自分の考えや、用意してきたことはしっかりと伝えた方が良いが、毎日たくさんの靴と人を目にしているスタッフの意見は、非常に貴重だ。柔軟に構え、本当に自分に必要な一足を見つけるという目的を失わないようにしよう。

　靴を一つ購入するためにお店に通い、たくさんの靴を見て、靴に関する話を聞く。こういった実体験や本だけでは得られない情報を積み重ねることで、また新しい紳士靴の面白い一面を知ることができるはずだ。

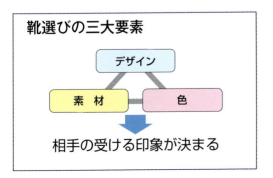

靴選びの三大要素
デザイン／素材／色
→ 相手の受ける印象が決まる

🔱 3 Shoes Recommended For Business
ビジネスにおすすめの靴3選

　ビジネスと言っても、様々な場面がある。外回りで歩き回る場合は、合成底の耐摩耗性や防水性、グリップ性能が必要であり、ときにはセメンテッド製法の屈曲性の良さや軽さが必要かもしれない。だが、ここではデザインとして、スーツでのオフィスワークに最適なモデルを3つ紹介する。

　ポイントは、職場の人、あるいは取引先の人など、様々な考え方が交わるビジネスにおいては、やや固めでフォーマル度の高いデザインが無難であること。こうすれば、パーティ用の華やかなドレスシューズと区別できるので、同じスーツスタイルでもガラリと雰囲気を変えることができる。

フォーマル度、知名度、遊び心のすべてを兼ね備える

ジョン ロブ
PHILIP II
ブラック

ブラックのストレートチップという、手堅いデザインでありながら、小さめのパンチングが、程よくエレガントさを演出する。靴好きとの会話のタネにもなる、美しいラストのジョンロブ。一生付き合って行きたい決め手の一足となるだろう

あらゆるスーツに合わせられる
定番の一足

クロケット&ジョーンズ
オードリー ブラック

王道中の王道、ブラックのキャップトゥは、仕事の場面でも存分に活躍してくれるので、社会人にとって外せない一足。人気モデルのオードリーなら、どこに出ても恥ずかしくない

話題のラスト82で
スタイリッシュに決める

エドワードグリーン
チェルシー LAST82 ブラック

エドワードグリーンの数あるラストの中でも、細身のシルエットが現代的な雰囲気を出すラスト82。クラシックでありながらスタイリッシュな仕上がり

HOW TO SELECT YOUR SHOES
紳士靴のセレクト術

3 Shoes Recommended For Casual
カジュアルにおすすめの靴3選

カジュアルで履く靴に制約はないが、やはり紳士靴を履くからには、伝統やファッションのマナーを踏まえ、詳しい人にも認められるような履きこなしをしたい。

ポイントは、「崩し」をどこに入れるかだ。セオリー通りに選んでいれば、相手を不快にさせたりするリスクはないが、積極的にカジュアル感を出すことができない。どこかに、仕事のときとは違う崩しのポイントを潜ませ、あえて革靴をカジュアルで履く意味合いを持たせよう。慣れないうちは、やり過ぎるといやらしくなるので、ほんの少しストレートなデザインから外れたデザインを選ぶのがおすすめ。

 独特のシルエットで魅せる通好みの靴

**ベッタニン&ベントゥーリ
セミブローグ ダークブラウン**

知る人ぞ知るイタリアの名ブランド、ベッタニン&ベントゥーリのセミブローグ。色は順当な焦茶だが、やや「おでこ」気味のトゥが独特のシルエットを描き出している。細身でロングノーズ気味の靴が主流になっている昨今では、靴に詳しくない人でも思わず注目してしまう、不思議な魅力を持っている

 革やステッチで表情を出した 守備範囲の広い一足

No.2 スエードとのコンビ使いが 大人の雰囲気を出す

**ロトゥセ
ウイングチップブーツ
ボルドー**

定番のカントリーブーツスタイルで、デニムやチノパンでも難なく合わせられる一足。突飛な装飾こそないが、同系色のスムースレザーとスエードをコンビネーションを使い、スマートで大人っぽい雰囲気を出している

**ステファノベーメル
Uチップ ブラウン**

黒の外羽根に、質感のあるスコッチグレインレザーを使い、モカステッチでトゥにも表情を出す。街歩きやレストランでの食事などに大活躍する、守備範囲の広い一足

⚜ 3 Shoes Recommended For Party
パーティにおすすめの靴3選

　フォーマルさが必要な式典などを除き、友人同士や仕事の仲間で集まるパーティにおいては、シンプルで羽目を外しすぎないスタイルの中にも、仕事のときとは違うドレッシーなポイントを入れるのがおすすめ。日本ではしばしば「ビジネスシューズ」と「ドレスシューズ」が混同されてしまうが、意識して明確に履き分けることで、驚くほどに雰囲気の違うファッションを作り出すことができるはずだ。

　ドレッシーポイントの入れ具合は細かく調節し、初心者の場合は崩し過ぎないようにすると良い。TPOの見極めに慣れてきたら、色々な意匠を試してみよう。

真面目さを損なわずに、いつもと違う雰囲気を出す

イセタンメンズ　プレーントゥ ブラック

内羽根×プレーントゥのフォーマルな組み合わせが、いつもと違う雰囲気を出す。トゥシェイプは、ややチゼル気味のシャープなシルエットで。しっかりと磨いてツヤを出せば、パーティでも存在感を出す色気のある靴に変身する。初心者にもおすすめのスタイル

エナメルが放つ華やかさとゴージャスさ

マグナーニ　ホールカット　エナメル ブラック

タキシードなどの正装用と思われがちだが、エナメルの華やかさとゴージャスさは、パーティーシーンでも活躍する。デザインは、シンプルでシュッとしたホールカット

定番のダブルモンクは色やステッチで遊ぶ

アンソニークレバリー　ダブルモンク ネイビー

ドレスシューズで定番人気を誇るダブルモンク。オーソドックスな黒はすでにマンネリ化しているので、ほのかなネイビーと少し遊び心の利いた波型ステッチで個性を出す

Questions And Answers
Q&A ―みんなが気になる靴の知識②―

Q.試着するときはキツめと緩め、どちらが良いですか？

人それぞれの好みにもよるので、一概にどちらが良いとも言えない問題。ただし、革靴は履いている内にサイズがゆったりしてくることが多いので、緩めはおすすめしない。試着時の一番のポイントは、カカトから土踏まずまでの距離（アーチレングス）が合っているかどうか。ちなみに、キツい場合はストレッチャーで当たる部分を緩和でき、緩くなった場合は、中敷きやタンパット（タンの裏側に貼るパット）でフィット感を戻すことができるので、多少の調整は可能。

Q.履き慣らしは必要ですか？

始めから丸1日履くと痛くなることが多い。半日からスタートし、少しずつ履く時間を長くしていくと足を痛めにくくなる。

Q.痛くなる原因は？

一概には言えないが、多いパターンは次の3つ。
①サイズが合っていない。
②革が履く人にとって固い。
③木型と足の相性が悪い。

Q.真夏に履ける革靴はありますか？

夏は足にも汗をかくので、透湿性が高い機能を持った靴がおすすめ。GORE-TEXサラウンドシステムを搭載したシューズは、蒸れにくく快適に履くことができる。

Q.始めの一足はどれが良いですか？

黒のストレートチップで、なるべくベーシックな木型のものがおすすめ。また、ソールはラバーで、極力硬さを抑えたものが良い。

Q.雨の日に履ける靴はありますか？

革は水でなめしたものなので、基本的に雨の日でも履くことはできる。ただし、履いた後にしっかりとケアをして、状態を復活させる必要がある。ケアが面倒な場合は、撥水レザーやGORE-TEXを使用した靴がおすすめ。

Q.価格の差は何の違いですか？

素材、製法、技術の3つが関係していることが多い。
料理で例えた場合、厳選した素材（良質なレザー）をどのような調理法（製法）で、どんなシェフ（技術を持った職人）が作るかによって価格が変わる。靴も同じで、どのパートにどれだけ注力しているかで価格が変わってくる。

Q.クラシックな革靴を履くメリットは？

着用している洋服をまとめる重要なファクターになるということ。良い靴を履いて足元が安定することで、全体のイメージ向上につなげることができる。

Q.デニムパンツに合わせやすい革靴は？

素材なら、スエードやシボ革、カラーはブラウン系が最適。デザインは、装飾のあるウィングチップやUチップが相性の良い組み合わせ。

SHOP INFORMATION

伊勢丹新宿店
東京都新宿区新宿3-14-1
TEL 03-3352-1111
URL http://www.isetan.co.jp
営業時間 10:30-20:00　不定休

🜲 Column

日本の靴のルーツを探る
−浅草− 皮革産業資料館を訪ねて

欧米が主役になりがちな紳士靴の分野だが、日本での革靴文化にも相当な歴史がある。浅草を中心に地場産業として栄えた靴産業は、現在も連綿と受け継がれ、品質の高い国産靴を生み出す礎となっていた。

靴の街、浅草にある「皮革産業資料館」。こぢんまりとした施設ながら、日本の長い靴文化の歴史を雄弁に物語る、多くの貴重な品が保管されているスポットだ。

同資料館の副館長を務め、靴の歴史とともに歩んできた靴界の重鎮である稲川實（いながわ・みのる）氏に、日本の靴に関する興味深いお話を伺ってきた。

下町で育った、革と靴の文化

浅草が、日本屈指の「靴の街」ということをご存知ない方も多いかもしれない。江戸末期から明治初期にかけ、日本での西洋文化の盛り上がりとともに西洋靴の需要も高まりを見せる。それに呼応する形で、皮革関連の仕事に従事している者たちによって靴作りが始められたことも、ある意味、時代の必然と言えるのかもしれない。

やがて、政府も軍靴を中心とした西洋靴の重要性に気付き、海外から指導者を招いての本格的な靴産業が始められた。いくつかの潮流の中で靴文化が育まれていったが、浅草に靴作りが根差した背景には、当地で皮革関連業の統治を任されていた弾直樹氏の功績が大きい。

弾氏は、海外からの講師の招致、大規模な軍靴工場の整備に従事し、浅草に一大靴産業を生み出した。残念ながらこの工場による軍靴の製造はすぐに打ち切られたものの、弾氏の残した製靴のノウハウはその地に根付き、現在でも地場産業として残っているというわけだ。

国産メーカーの誕生

もうひとつの潮流は、明治3年、築地に本格的な軍用靴工場を設立した西村勝三氏だ。稲川氏は、その工場跡地が現在の「中央区入船三丁目二番地（東京メトロ有楽町線の新富町駅付近）」であることを、長年の調査で突き止めた。その地は「靴業発祥の地」として記念碑が立てられ、工場が設立された3月15日は「靴の記念日」とされた。

西村氏はその後も製靴業を続け、明治35年に「日本製靴株式会社」を設立、この会社が現・リーガルコーポレーションとなっている。国内の靴製造工場としては、この他にも関西の「大倉組皮革製作所」や、明治5年に創立した「大塚製靴株式会社」、ドイツから製靴技術の講師を招いた和歌山藩の「西洋沓仕立並鞣革製作伝習所」などが、時を前後して操業を開始している。

それぞれの潮流では、西洋靴という初めての文化を目の前にし、様々な苦労があったようだ。しかし、ものづくりの気質に関しては世界にも負けない日本人。やがて社会で西洋靴が普及するにつれ、安定化していった。またその中で、機械化や分業化が進められ、徐々に現在の国内での靴製造スタイルが確立されていったのだ。

戦争と靴

さて、お気づきの通り、日本の靴産業の発展に、戦争という要素は必要不可欠なものであった。明治政府が、開化

資料館に展示されている「昭五式編上靴」。側面にはサイズを表す「10.3」の刻印が見える。底を見ると、マッケイ縫いの上からさらに前半部のみ、鉄鋲を取り付けたアウトソールが縫い付けられている

犬の革で作られた靴。太平洋戦争中は、犬を飼うことさえも贅沢として禁止されたこともあった。当時の悲惨さが垣間見れる資料だ

稲川氏所有のカタログ。ページの下には「内田靴鞄製造問屋」とある。この内田商店は、明治から大正にかけ、台湾など海外にまで通信販売を行なった精力的な商売で知られている

早々に軍靴として西洋靴を取り入れてから靴産業は発展していくが、一般人へ本格的に普及し始めたのは戦後のことだという。つまり、それまでの靴産業の歩みは、正に戦争とともにあったのだ。

皮革産業資料館に展示された様々な靴の中でも、特に目を引くのが、「昭五式編上靴」と呼ばれる、昭和陸軍に採用されていた軍靴。すすけた革表面からは時代を感じさせるものの、未だ履き手を待っているかのような凛とした出で立ちは、本場イギリスやイタリアの靴にも負けず劣らず、男前だ。きれいにすれば、銀座も歩けそうだ。

昭五式は、昭和五年に制定された仕様の軍衣一式のひとつで、終戦まで使われたものもある。革は裏面を表に使っているが、毛並みを整えているわけではないので、スエードと言うよりもラフアウトという仕様に近い。これは耐摩耗性を上げ、耐用年数を伸ばすことが目的。また、様々な足の形に合いやすいよう、先芯が入っていない。シャフトの側面に刻印された「10.3」という数字がサイズで、これは10文3分の意。当時は自分の足袋のサイズは必ず知っていたので、表記を合わせることで、すぐに自分の足に合う靴を見つけ出せたのだ。ちなみに、製法はマッケイ式で、当時はマッケイ縫いを行なう機械の呼称で「アリアンズ」と呼ばれていたようだ。また、この靴は底が革で、滑り止めの鉄鋲が打たれているが、稲川氏のお話では、湿地の多い南方戦線では、ゴム底の靴も採用されていたとのこと。

この他にも、太平洋戦争中には材料となる皮革が不足し、犬までもが資材として使われた名残である「犬革靴」なども所蔵されていて、大変興味深い。

そして紳士靴の文化へ

稲川氏が個人的に収集しているのが、かつての国産靴のカタログ。イラストながら、当時のベーシックなスタイルや流行が分かる非常に貴重な資料だ。多少のレトロ感はあるものの、どれも現在でも充分に通用するデザインで驚かされる。スペックの表記には「ボックスカーフ」や「キッド(仔山羊革)」などと書かれており、現在とさほど変わらぬ仕様で作られていることも見て取れる。

富国強兵の元で培われた靴作りの技術が、一般人に広まった西洋文化のファッションと出会い、一気に花開いた情景が目に浮かぶようである。このようにして日本でも受け入れられた紳士靴の文化が、現在でも変わらず続いている。数世代を越えた文化のつながりに思わずロマンを感じてしまうのは、私だけであろうか。

Interviewee
副館長
稲川 實氏
1929年に茨城で生まれ、47年に靴メーカーへと入社、60年に婦人靴メーカーを創始している。独自に日本の靴産業や世界中の靴文化について研究を重ねており、書籍「西洋靴事始め」、「靴づくりの文化史(共著)」などを著している

SPECIAL THANKS
皮革産業資料館(台東区立産業研修センター内)
東京都台東区橋場1-36-2
TEL 03-3872-6780
URL
http://www.taito-sangyo.jp/05-kensyu/center_museum.html
開館時間 9:00-17:00
休館日 月曜、祝日(月曜が祝日の場合は翌日も休館)、年末年始

革の文化が根付く台東区が主体となって開設した資料館。ここで紹介しきれない様々な資料が、所狭しと所蔵されている

紳士靴ブランドモデル図鑑

MEN'S SHOES BRANDS & MODELS

日本で市販されている、世界各国の既製靴のブランド、そしてそのモデルの数々を紹介する。それぞれブランドのキャラクターが出ているモデル、スタンダードなモデルを中心に揃えているので、好みのブランドを見つけるのに役立つはずだ。日本は、多種多様なブランドが流通している上に、ハイクオリティな国産ブランドも豊富な、世界でも有数の紳士靴大国。そんな日本で様々な紳士靴を楽しむことができる幸せを感じながら、次に入手する靴を吟味するのも一興だ。

※本記事の価格表記はすべて税抜きです。

CONTACT
問い合わせ先リスト

BRITISH MADE 青山本店
Tel.03-5466-3445
http://www.british-made.jp/
東京都港区南青山5-14-2 Kizunaビル1・2F
12:00-20:00（月〜木、土、日）／12:00-21:00（金）
不定休

GMT
Tel.03-5453-0033
http://www.gmt-tokyo.com/
《Burnish（直営店）》
東京都渋谷区西原3-5-4
11:00-20:00／不定休

WFG（ワールド フットウェア ギャラリー）
Tel.03-3423-2021
http://www.wfg-net.com/
《神宮前店》
東京都渋谷区神宮前2-17-6 神宮前ビル1F
11:00-20:00
年中無休（年末年始除く）

アイダス
Tel.06-6245-5076
http://www.cuv.jp/
《THE SHOP OF AIDAS クリスタ長堀店》
大阪府大阪市中央区南船場3長堀地下街3-26
11:00-21:00（日曜のみ11:00-20:30）
定休日 12月31日、1月1日、2月の第3月曜

伊勢丹新宿店
Tel.03-3352-1111（大代表）
http://www.isetan.co.jp
東京都新宿区新宿3-14-1
10:30-20:00／不定休

オークニジャパン
Tel.0800-111-0677（フリーダイヤル）
http://www.okunijapan.co.jp/

オリエンタルシューズ
Tel.0743-55-1111
e-mail info@oriental-shoes.co.jp

グラストンベリー ショールーム
e-mail info@sanders.jp
http://www.sanders.jp/

コール ハーン
Tel.0120-56-0979
https://www.colehaan.co.jp
《コール ハーン銀座本店》
東京都中央区銀座3-4-12
11:00-20:00／不定休

世界長ユニオン
Tel.03-5655-4191
http://www.newyorkorfootwear.com/

チャーチ 表参道店
Tel.03-3486-1801
http://www.church-footwear.com
東京都渋谷区神宮前5-8-1
11:00-20:00（月〜木）
11:00-21:00（金、土、日、祝日、祝日前）

トレーディングポスト 青山本店
Tel.03-5474-8725
http://tradingpost.jp/
東京都渋谷区神宮前3-1-30 HSビル1F
11:00-20:00／不定休

スコッチグレイン
Tel.06-6228-1192
http://www.scotchgrain.co.jp/

マドラス
Tel.0120-30-4192（フリーコール）
http://www.madras.co.jp/

メゾン コルテ青山
Tel.03-3400-5060
e-mail Maison.Aoyama@Corthay.com
http://www.corthay.jp/
東京都港区南青山6-11-8 M.A.K. フラット 1F
12:00-19:00／不定休

ユーロパシフィックジャパン
Tel.03-5785-2103
http://www.europacific.co.jp/

ユニオンワークス
http://www.union-works.co.jp/
《ユニオンワークス 渋谷店》
Tel.03-5458-2484
東京都渋谷区桜丘町22-20 シャトーポレール渋谷B1-1
12:00-20:00／定休日 水曜

ラコタ
Tel.03-3545-3322
http://www.lakotahouse.com/
《ラコタハウス青山店》
Tel.03-5778-2010
東京都港区南青山6-12-14 NOA 南青山1F
12:00-20:00／不定休

リーガルコーポレーション
お客様相談窓口
Tel.047-304-7261
http://www.regal.co.jp/shoes/

三陽山長 銀座店
Tel.03-3563-7841
http://www.sanyoyamacho.com/
東京都中央区銀座2丁目4-6 銀座Velvia館2階
11:00-21:00／不定休

※在庫・廃番状況などはその都度お問い合わせください。

Alfred Sargent 🇬🇧
アルフレッド サージェント

1899年に創業し、1915年にノーザンプトンに移転した老舗ブランド。現代的なスマートさと伝統的なエレガントさを併せ持つ、バランスの良さが人気を集めている。安定した生産技術で、ブランドOEMを数多く手がけることでも有名。

問い合わせ＝伊勢丹新宿店（03-3352-1111）

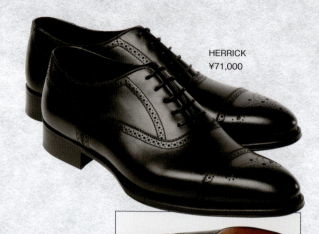

HERRICK
¥71,000

オーソドックスなウェルト靴の造りながら、ウエストがグッと絞られることで出るビスポーク然とした雰囲気も良い

ARMFIELD
¥71,000

Alberto Fasciani 🇮🇹
アルベルト ファッシャーニ

1950年に創業した伊の乗馬ブーツメーカー。その技術やデザインを活かしたタウンユースのブーツがヒット。ウォッシュ仕上げとアンティーク加工が個性的な雰囲気を醸し出す。レディースブーツでも人気があるブランド。

問い合わせ＝トレーディングポスト青山本店（03-5474-8725）

ELI17024
CEDRO
CRUST ANT NERO
¥137,000

ELI17024
CEDRO
CRUST ANT MARRONE
¥137,000

MEN'S SHOES BRANDS & MODELS
紳士靴ブランド モデル図鑑

Allen Edmonds
アレン エドモンズ

1922年に同名の職人が創業。米靴の中でもファンの多いブランド。釘や鉄のシャンクを使わず、足の動きにフレキシブルに沿うこと、またサイズやウィズのバリエーションが多いことから、履き心地の良い靴を提供している。

問い合わせ＝トレーディングポスト青山本店（03-5474-8725）

Park Avenue
Custom Calf
¥74,000

Leeds
Calf
¥74,000

Macneil
Cordovan
¥155,000

Cavanaugh
Calf
¥55,000

アメリカ発祥のグッドイヤーウェルテッドらしい、王道のラストとソールの意匠

Anthony Cleverley
アンソニー クレバリー

ジョージ・クレバリー社が手がける高級ブランド。チゼルトゥに代表されるスタイリッシュなデザインを特色としながら、履き心地の良さにも力を入れ、日本人の足にフィットする商品展開をしている点も人気を集める理由。

問い合わせ＝伊勢丹新宿店（03-3352-1111）

グッとくびれたウエストと美しいカラス仕上げが洗練された雰囲気を出す

CV002
¥240,000

CV015
¥260,000

CV004
¥250,000

Isetan Men's

イセタンメンズ

世界中の靴と靴マニアが集まる聖地、伊勢丹新宿店メンズ館が独自にプロデュースするオリジナルライン。現場からのフィードバックが早く、時代のニーズに合った靴を常にラインナップできる唯一無二のブランドと言える。

問い合わせ＝伊勢丹新宿店（03-3352-1111）

IN412B
¥41,000

IN547Y
30,000

IN526
¥36,000

Otsuka sinse 1872

オーツカ シンス 1872

明治5年に創業した、日本の老舗中の老舗。皇室御用達ブランドとして有名で、伝統的でエレガントな靴も筋金入りだが、カジュアルシューズに至るまで幅広くラインナップする点も魅力。直営店ではビスポークも手がける。

問い合わせ＝伊勢丹新宿店（03-3352-1111）

トゥチップが取り付けられたシンプルなレザーソール

IS404
¥33,000

IS406
¥33,000

IS427
¥36,000

MEN'S SHOES BRANDS & MODELS
紳士靴ブランド モデル図鑑

Edward Green 🇬🇧
エドワード グリーン

1890年創業。英国靴マニアが一度は履いてみたいと思う、ウェルト靴の超スタンダードブランド。様々なラストが存在することが特徴で、中でも202や82が人気を集める。また、履き心地の良さは誰もが認めるところ。

問い合わせ＝伊勢丹新宿店（03-3352-1111）

本国の社屋。近年になって建て替えられたのか、モダンな印象の建物になっている

モカシンステッチのすくい縫いの様子。手作業で一針一針縫い合わせられる

アッパーの縫製は、特別な業務用ミシンで行なう

ASHTON
¥163,000

シングルモンクにマッチした適度なスクエアトゥと、半カラスがキリッとした表情

CHELSEA
¥156,000

DUKE
¥163,000

穏やかなラウンドトゥがゆったりとした雰囲気を見せる。ソールはシンプルなヒドゥン

DOVER
¥183,000

Enzo Bonafe 🇮🇹

エンツォ ボナフェ

1963年創業、ボローニャに工房がある。ウェルトの掬い縫いに手縫いが用いられる、いわゆる九分仕立ての「グッドイヤー・ア・マーノ製法」が特徴。伝統的な小規模生産の手法を守る、貴重なブランドと言える。

問い合わせ＝オリエンタルシューズ（0743-55-1111）

EB-02
¥99,000

CARY GRANT
¥99,000

EB-11
¥99,000

EB-22
¥99,000

ST-6105F
¥55,000

ST-6106F
¥55,000

この価格帯では珍しい、グッとで絞られたウエストが個性を出す。日本の技術の高さが伺える

Oriental 🇯🇵

オリエンタル

1957年に創立し、奈良県に本社と工場を構えるメーカー。OEMやスポーツ・コンフォート系シューズがメインだったが、販売店の仕掛けにより、高い品質を誇るオリジナルブランドのドレスシューズにも火が付いてきている。

問い合わせ＝オリエンタルシューズ（0743-55-1111）

ST-6201F
¥55,000

ST-6104F
¥55,000

商品企画、製造、出荷がすべて行なわれる自社工場。製法や仕上げ加工も幅広く対応する

Gaziano & Girling

ガジアーノ＆ガーリング

ビスポークで活躍していた、ガジアーノ氏とガーリング氏が2006年に創立。比較的若いブランドながら、ビスポークの要素をふんだんに盛り込んだ靴には、靴好きを唸らせる滋味深さが宿り、伝統性と同時代性を両立している。

問い合わせ＝トレーディングポスト青山本店（03-5474-8725）

ビスポークのような絞られたウエストとスタイリッシュなシルエットに、半カラス仕上げが映える

WESTBURY
CALF
¥210,000

SAVOY
CALF
¥190,000

ANTIBES
CALF
¥210,000

TATTON
ENGLISH GRAIN
¥200,000

Carlos Santos

カルロス サントス

日本ではまだ珍しいものの、ジワジワと存在感を出してきているポルトガルの靴。カルロスサントスは1942年に創立され、有名ブランドにも引けを取らない安定の品質と、高いコストパフォーマンスが魅力の優良ブランド。

問い合わせ＝トレーディングポスト青山本店（03-5474-8725）

8802GB
ANIL100
¥86,000

6776
ANIL100
¥52,000

MEN'S SHOES BRANDS & MODELS
紳士靴ブランド モデル図鑑

Carmina 🇪🇸
カルミナ

1866年にスペインのマヨルカ島で創業した小さな工房が原点。1905年にはグッドイヤー製法を取り入れ、世界に広まるブランドとなった。英国靴とはひと味違った雰囲気を持つ、スタイリッシュなデザインが人気を集める。

問い合わせ＝トレーディングポスト青山本店
(03-5474-8725)

10003
VEGANO
¥69,000

80517
COCODRILO
¥165,000

80494
VEGANO
¥73,000

80204
BOX CALF
¥73,000

80251
ANTE-CALF
¥73,000

80193
LAGARTO
¥104,000

バランスの良いシルエットのシンプルな仕上げに、トゥチップのアクセント

Clematis 🇯🇵
クレマチス

銀座のビスポーク工房「クレマチス」が手がけるレディメイドライン。日本の高い製靴技術を学んだ代表の高野氏が、自ら納得の行く造りを突き詰めたからこそできる、繊細さとエレガントさの融合したデザインが秀逸。

問い合わせ＝伊勢丹新宿店（03-3352-1111）

パンチドキャップトゥ
¥88,000

セミブローグ
¥88,000

ストレートチップ
¥88,000

Kenford
ケンフォード

リーガルの弟分として生まれたブランド。「つま先からオトナへ」のキャッチコピーの通り、若者が一足目に手に取れる紳士靴としてのオーソドックスなデザイン、リーズナブルな価格が特徴。ビジネスに最適な高機能靴も魅力。

問い合わせ＝リーガルコーポレーション お客様相談窓口
（047-304-7261）

KN26 ¥18,000

KB48 ¥10,000

KN21 ¥12,500

KN02 ¥12,000

KN01 ¥12,000

KN24 ¥12,500

KB47 ¥10,000

KN28 ¥18,000

KN04 ¥12,000

KN23 ¥12,500

MEN'S SHOES BRANDS & MODELS
紳士靴ブランド モデル図鑑

Crockett & Jones
クロケット & ジョーンズ

1879年創業、紳士靴界の巨星と言えるノーザンプトンのブランド。非常に豊富なラストを手がけるが、2005年フランス店設立時に作られた337、通称パリラストを使ったモデル「オードリー」の美しい造形は鉄板人気を誇る。

問い合わせ＝トレーディングポスト青山本店（03-5474-8725）

半カラスのソールが美しく映える、シンプルながらバランスの取れたシルエット

WINSTON
BURNISHED CALF
¥98,000

AUDLEY
ANILINE CALF
¥89,000

HARROW
BURNISHED CALF
¥95,000

WEXFORD
BURNISHED CALF
¥82,000

BELMONT
ANILINE CALF
¥96,000

カジュアルで実用的なラバーソールのモデル

CRANFORD
ANILINE CALF + GORE
¥82,000

CONISTON
SCOTCH COUNTRY GRAIN
¥85,000

Cordwainer
コードウェイナー

OEMで靴を製造していたスペインの同名メーカーが、2007年に開始したブランド。長年培われた高い技術を結集して作る靴は、安定の品質を誇る。伝統を踏襲しながらもやや前衛的なデザインは、英国靴にはない独特の雰囲気。

問い合わせ=WFG（03-3423-2021）

WBW0078B
¥37,000

ステインで仕上げられ、やや落ち着いた印象のソール

Cole Haan
コール ハーン

1928年創業。クラフトマンシップに則り、革新的なデザインのシューズ、バッグなどを展開するアメリカを代表するブランド。オーセンティックなローファーを始めとし、素材や履き心地にこだわった洗練された靴が揃う。

問い合わせ＝コール ハーン（0120-56-0979）

ピンチ グランド ペニー
各 ¥33,000

Sanders
サンダース

1873年、サンダース兄弟によって創立されたノーザンプトンの老舗。警察、軍隊などにも正式採用される、質実剛健なブランド。スタンダードラインとは別に、さらに男らしい印象のミリタリーコレクションを展開している。

問い合わせ＝グラストンベリー ショールーム
(http://www.sanders.jp/)

6480 HI-TOP CHUKKA
¥43,000

1128 MILITARY DERBY SHOE
¥46,000

ヘビーデューティなイッツハイドソールが特徴的

MEN'S SHOES BRANDS & MODELS
紳士靴ブランド モデル図鑑

Corthay
コルテ

正当な靴づくりの技術と、フランスの国柄が出た自由なデザイン性が巧みに融合された「作品」とも呼べる靴には、憧れを抱く者も多い。無彩色の靴をカラリストが顧客の要望に応えて彩色する「カラーレーション」も独特。

問い合わせ＝メゾン コルテ青山（03-3400-5060）

創業者ピエール・コルテが'90年にビスポークブランドとしてコルテを創業。'01年に既製靴ラインも開始し、今でも現役で新モデルの開発や靴づくりに腕を振るっている

手作業によるカラーレーションや、アーティスティックな独特のラストがコルテの特徴

Bella ¥197,000
Volney ¥199,000
Brigthon Tassels ¥225,000
Fantomas ¥219,000
Corthay-Arca ¥180,000
Duke ¥299,000
Twin ¥229,000
Vendome ¥219,000
Bel Air ¥195,000
Wilfrid ¥219,000

59

Sanyoyamacho

三陽山長

まさに日本の匠と呼ぶべき、国産ブランドの雄。スーツなど、ウェア製品も手がける。独特の凛とした雰囲気は、細部の仕立ての良さから来るもの。日本のものづくりの高い品質を体現した靴には、コアな愛用者も多い。

問い合わせ＝三陽山長 銀座店（03-3563-7841）

「技・匠・粋」をコンセプトに、日本人による国内一貫生産が守られている

銀座店の空間デザインは、和の伝統を受け継ぐ「能」の舞台がコンセプト

二代目 極み 友二郎（Q7412-009）
¥160,000

源之介（Q7434-002）
¥68,000

シンプルながら国産紳士靴らしい丁寧な仕立てが伺えるソール。ヒールラスターが特徴的

三陽山長の技術を結集して作る「極み」シリーズ。グッと絞ったベヴェルドウエストと半カラス仕上げが高級感を出す

友二郎（Q7402-001）
¥66,000

琴四郎（Q7406-002）
¥68,000

隼之介（Q7445-002）
¥70,000

友之介（Q7432-001）
¥66,000

勇之介（Q7435-001）
¥68,000

匠一郎（Q7407-001）
¥90,000

勇一郎（Q7401-001）
¥70,000

MEN'S SHOES BRANDS & MODELS
紳士靴ブランド モデル図鑑

鹿三郎（Q7409-002）
¥68,000

奏之介（Q7436-001）
¥68,000

琴之介（Q7431-002）
¥70,000

Shetlandfox
シェットランド フォックス

リーガルが長年培ったノウハウを結集し、1982年に「日本人のためのブランド」としてスタート。同世代の靴好き達から支持を集め、国産ブランドを代表する存在に。一時生産がストップしていたものの、'09年に再始動する。

問い合わせ＝リーガルコーポレーション お客様相談窓口
（047-304-7261）

030F
¥62,000

042F
¥39,000

031F
¥62,000

043F
¥39,000

047F
¥90,000

Jalan Sriwijaya

ジャラン スリウァヤ

インドネシアで1919年創業。後年になってスパーマン氏が本場ノーザンプトンでハンドソーンウェルテッドを学び、2003年より紳士靴ブランドを開始する。コスパ抜群のハンドソーン靴として、靴ファンの間でも注目株。

問い合わせ＝GMT（03-5453-0033）

98374
¥34,000

98317
¥28,000

男らしいハッキリとしたハーフカラスのソール。イギリス然とした無骨な造りが特徴

98651
¥34,000

98652
¥34,000

98409
¥30,000

98490
¥34,000

98322
¥30,000

98756
¥36,000

98589
¥32,000

MEN'S SHOES BRANDS & MODELS
紳士靴ブランド モデル図鑑

GENESIO COLLETTI & SONS 🇮🇹
ジェネシオ コレッティ & サンズ

コレッティ家が所有していた1940年代の木型をアレンジしたという、ヴィンテージ感の強い独特のシルエットが特徴。グッドイヤーの柔軟性不足を改善した、リブを使わない独自の製法を用いているため、履き心地も抜群。

問い合わせ＝トレーディングポスト青山本店（03-5474-8725）

BOND DECO
¥64,000

Schnieder Boots 🇬🇧
シュナイダーブーツ

1907年創立の乗馬ブーツメーカーの老舗。ここで紹介するブーツは、販売元のユニオンワークスが底付けを自ら担当したコラボ商品。ソールの厚みやシルエット、細かな仕上げまで、靴好きのツボを突く見事な出来栄え。

問い合わせ＝ユニオンワークス（03-5458-2484）

Jodhpur / Black
¥160,000

Jodhpur / Chestnut
¥160,000

George Boots / Black
¥160,000

George Boots / Chestnut
¥160,000

JOSEPH CHEANEY 🇬🇧
ジョセフ チーニー

ウェルト靴の聖地、ノーザンプトン勢の一角。1886年創立とかなりの老舗だが、チャーチに買収されていた時期もある。紆余曲折の末、伝統性にトレンドを巧みに組み込む、バランスの良いブランドに。レディースも人気。

問い合わせ=BRITISH MADE 青山本店（03-5466-3445）

アッパーのパーツを革から切り出す職人（左）と完成したアッパーの様子（右）

出し縫い直前の靴がずらりと並んだ様子。ヒールもまだ付けられていない

ALDERTON
¥67,000

ASTWELL
¥67,000

オーソドックスな英国紳士靴のソールに、印象的なカラス仕上げが施されている

AVON C
¥69,000

HUDSON
¥66,000

ALFRED
¥69,000

グッとくびれたウエストが、精悍なオックスフォードにスマートな印象を与えている

ARTHUR III
¥69,000

MEN'S SHOES BRANDS & MODELS
紳士靴ブランド モデル図鑑

YELVERTOFT
¥67,000

HOWARD R
¥66,000

CHISWICK
¥69,000

CAIRNGORM II R
¥70,000

ダブルソール仕立てのダイナイトソールが、ボリューム感とワイルド感を演出

カジュアルに履けて耐久性やグリップ性も良いコマンドソール

John Lobb 🇬🇧
ジョン ロブ

高級靴の代名詞として知られる、憧れのブランド。ビスポークが原点だけあり、そのラストの美しさや仕立てはトップクラスの品質。現在、ビスポークはパリのアトリエで、既製靴は英国ノーザンプトンで製造している。

問い合わせ＝伊勢丹新宿店（03-3352-1111）

Philip2
¥230,000

半カラス仕上げと細身のウエストが、ビスポーク然とした雰囲気を醸し出しているソール

William
¥180,000

Lopez
¥190,000

ビスポークを原点とするクラフトマンシップを現在も受け継ぎ、美しい靴が作られる

Scotch Grain
スコッチグレイン

東京墨田区の靴メーカー、ヒロカワ製靴が手がけるブランド。手作業が多い伝統のグッドイヤーウェルテッド製法や、品質の高い革にこだわっている。靴はクリームとスコッチで磨き上げる「モルトドレッシング」で仕上げられる。

問い合わせ＝スコッチグレイン（06-6228-1192）

948 ブラック
インペリアルブラックⅡ
¥48,000

トップゴムレザーソールというスリップに強いソール。トゥをゴムで保護している

3526 ブラック
アシュアランス
¥30,000

2770 ダークブラウン
シャインオアレインⅣ
¥28,000

960 ダークブラウン
インペリアルⅢ
¥48,000

920 ブラック オデッサⅡ
¥39,000

916 ミディアムブラウン
オデッサ
¥39,000

959 ブラック
インペリアルプレスティージ
¥60,000

3525 ブラック
アシュアランス
¥30,000

956 ブラウン
インペリアルプレスティージ
¥60,000

2778 ブラック
シャインオアレインⅣ
¥28,000

良質なヨーロッパ革のソールの一部に日本でゴムを注入する、ノンスリップレザーソールを採用

MEN'S SHOES BRANDS & MODELS
紳士靴ブランド モデル図鑑

Stefano Bemer 🇮🇹
ステファノ ベーメル

1988年フィレンツェで創業し、稀代の天才靴職人として活躍したステファノ・ベーメルの名を冠したブランド。彼は惜しくも'12年に亡くなったが、そのスピリットを継ぐブランドは身内によって受け継がれた。革種の多さが有名。

問い合わせ=伊勢丹新宿店（03-3352-1111）

5400V
¥230,000

06350
¥200,000

絵画的な優美さも備える芸術的な仕上げのソール。削れてしまう運命が儚さを感じさせる

CNW0012A
KASUMI
¥52,000

シンプルながら、美しいカーブのヴェヴェルドウエストが丁寧な仕事を伺わせる

CNW0013B
YUUNAGI
¥59,000

Central 🇯🇵
セントラル

靴を地場産業とする東京・浅草の老舗メーカー。独自ブランドは満を持して2012年に始動。伝統的な英国靴の王道を行くシルエットに、日本特有の繊細で丁寧な縫製と仕上げが加わり、ツボを突いた秀逸な品に。

問い合わせ=WFG（03-3423-2021）

Ducal 🇮🇹
デュカル

ものづくりの街フィレンツェに工房を構える、小規模生産スタイルの靴メーカー。生産数も少なく、日本では比較的稀少。色っぽい曲線シルエットと、モードなデザインセンスが特徴で、現代的なファッションとの親和性も抜群。

問い合わせ=WFG（03-3423-2021）

アッパーのサイドレース、ト音記号のメダリオンとマッチするシャープなフォルムのソールが、ドレッシーな雰囲気を出す

DUW6360A
¥76,000

Sutor Mantellassi
ストール マンテラッシ

1912年創業。様々な著名人にも愛されたイタリアの名門ブランド。世間に認知されるよりも前からスクエアトゥを多用し、その元祖と言われる。複数の製法を巧みに使い分ける他、ソールなどに施される「青」使いが印象的。

問い合わせ＝トレーディングポスト青山本店（03-5474-8725）

OLIMPO
MASTER CRUST
¥150,000

OLIVER
MASTER CRUST
¥125,000

ウエストとヒールが青くカラーリングされた印象的なソール。見えない部分にもイタリアらしい意匠が光る

Soffice & Solid
ソフィス & ソリッド

世界長ユニオンとトレーディングポストがコラボし、2003年に始動。「モダン・クラシック」を標榜しており、難しいとされるボロネーゼ式グッドイヤー製法を採る。英国と伊国の特長を掛け合わせた、スタイリッシュな造りが魅力。

問い合わせ＝トレーディングポスト青山本店（03-5474-8725）

S702
VOCALOU
¥48,000

S711
VEGANO
¥48,000

繊細な日本の仕立てと半カラス仕上げがマッチ

S707
VEGANO
¥48,000

S709
VOCALOU
¥55,000

MEN'S SHOES BRANDS & MODELS
紳士靴ブランド モデル図鑑

Church's
チャーチ

1873年に創業し、堅実な作りで長年に渡り愛されてきたノーザンプトンの名門。日本にも固定ファンが多い。近年はクラシックなデザインのみならず、モダンでスタイリッシュなラストとデザインの靴が増え、注目が集まる。

問い合わせ＝チャーチ 表参道店（03-3486-1801）

チャーチ社屋。昔ながらの英国を思わせる石造りの建物で、清潔感がある

伝統の丁寧な仕立てを守りながら、新しい時代のニーズに応えてきたブランド

CONSUL
Black
¥82,000

DIPLOMAT 173
Black
¥87,000

BURWOOD 81
Sandal Wood
¥87,000

BURWOOD 81
Black
¥87,000

GTAFTON 173 / Black
¥97,000

GTAFTON 173 / Sandal Wood
¥97,000

SHANNON Black ¥97,000

BURWOOD ⅡS
Black ¥97,000

Tricker's 🇬🇧

トリッカーズ

英国靴の代名詞とも言える、最もメジャーなブランドの一つ。日本での高い需要からか流通数が多く、様々なモデルが手に入るのは実に幸運。カジュアルにもフィットするカントリーブーツが有名だが、王道の紳士靴も人気。

工場内部や釣り込みの様子。棚に並ぶ夥しい数のラストからは、様々なモデルを生み出してきたトリッカーズの歴史を感じる
写真提供＝GMT

M5633 ¥85,000
GMT（03-5453-0033）

M2508 ¥87,000
GMT（03-5453-0033）

M6955／BOX CALF
¥73,000
トレーディングポスト青山本店
（03-5474-8725）

M6980／MC
¥83,000
トレーディングポスト青山本店
（03-5474-8725）

M7655／BOX CALF
¥76,000
トレーディングポスト青山本店
（03-5474-8725）

カジュアルなカントリーシューズのイメージがあるが、王道の紳士靴もしっかりと作る

M2522／VELVET／¥48,000
トレーディングポスト青山本店（03-5474-8725）

M6077／ANTIQUE／¥81,000
トレーディングポスト青山本店
（03-5474-8725）

MEN'S SHOES BRANDS & MODELS
紳士靴ブランド モデル図鑑

Side Gore Country Boots　¥76,000
ユニオンワークス（03-5458-2484）

Country Brogue Boots
¥80,000
ユニオンワークス
（03-5458-2484）

Cap Country Shoes　¥78,000
ユニオンワークス（03-5458-2484）

Country Brogue Shoes　¥78,000
ユニオンワークス（03-5458-2484）

Imitation Cap Country Boots
¥60,000
ユニオンワークス
（03-5458-2484）

Brogue Casuals　¥73,000
ユニオンワークス（03-5458-2484）

Country Brogue Boots Combi
¥76,000
ユニオンワークス（03-5458-2484）

Country Brogue Shoes Combi
¥76,000
ユニオンワークス（03-5458-2484）

George Boots　¥80,000
ユニオンワークス（03-5458-2484）

71

Trading Post Original
トレーディングポスト オリジナル

靴のスペシャリスト、トレーディングポストスタッフがプロデュースする独自ブランド。靴好きのツボをとらえた絶妙なラスト、履き心地、仕様をラインナップしながら、リーズナブルな点が魅力。常に選択肢に考慮すべき優良株。

問い合わせ＝トレーディングポスト青山本店（03-5474-8725）

T603
UNION WP
¥45,000

T405
SUPER BUCK SUEDE
¥38,000

3701／CM
¥36,000

3802
SILKY NAP
¥36,000

Barker Black
バーカーブラック

2005年に米国でミラー兄弟が起ち上げる。グッドイヤーの堅実な造りとビスポーク由来の流麗なデザインを掛け合わせたルックスに、モダンなニューヨーカーのユニークなアイデアが見事に融合。靴ファンも注目するルーキー。

問い合わせ＝トレーディングポスト青山本店
（03-5474-8725）

漆黒に仕上げられたソールからは、ドットで描かれたドクロ柄がチラリと覗く

メダリオンもドクロ模様で描かれる

M0140
CALF
¥115,000

M9960
CALF
¥135,000

MEN'S SHOES BRANDS & MODELS
紳士靴ブランド モデル図鑑

Heinrich Dinkelacker
ハインリッヒ ディンケルアッカー

健康靴を得意とするドイツらしい、堅実で頑丈な造りが特徴。堂々とした風格を伴ったルックスは、まさに「靴のロールスロイス」と呼ぶに相応しい逸品。ノルウィージャンウェルト製法を用いた独特のステッチもトレードマーク。

問い合わせ＝アイダス（06-6245-5076）

どっしりとした緩やかなフォルムと頑強な作りに靴のキャラクターが現れている

4093 0754
Miami オイルヌバック
¥105,000

はっきりとした半カラスと縁取りが男らしいルックスに。英国靴とは一味違う表情

4331 4316
Buda コードバン
¥145,000

ステッチを編み上げながら縫うノルウィージャンウェルテッドのすくい縫い。高い技術が必要になる

4701 4344
Wien コードバン
¥135,000

手作業でミッドソールを縫い付ける屈強な職人。靴の丈夫さを体現しているよう

3102 4366
zurich コードバン
¥145,000

5302 0065
Luzern カーフ
¥105,000

4397 4316
Buda コードバン
¥163,000

5332 0016
Luzern カーフ
¥105,000

3017 5724
Rio オイルヌバック
¥118,000

8022 4360 London コードバン
¥145,000

3087 4318 Rio コードバン
¥145,000

NEWYORKER FOOTWEAR

ニューヨーカー フットウェア

アメリカン・トラディショナルを日本に向けて発信してきたニューヨーカーの靴部門。ややカジュアルでクラシック感のある「カントリー」ラインや、ベーシックな英国靴を下地にする「トラディショナル」ラインなどを展開する。

問い合わせ = 世界長ユニオン（03-5655-4191）

NY005
¥25,000

足馴染みの良い上質のレザーソールに、ラバーのトゥチップとトップピースを装着した、汎用性の高いドレスシューズ

クラシカルな魅力と、スタイリッシュな現代性が融合されたブランドイメージは、時代を超えて親しまれている

NY105
¥26,000

NY201
¥26,000

NY012
¥25,000

NYのロゴが大きく描かれたグリップ性の高いラバーソール。全面ラバーなので雨の日も安心

Bollini

ボリーニ

1日に20足程度という小規模生産を守る実力派工房。様々な有名ブランドからサンプル作りを依頼されることからも、その技術の高さは折り紙付き。製法を巧みに使い分け、細部も精密に仕上げられる美しい靴が魅力。

問い合わせ =WFG（03-3423-2021）

ILW2545A
¥52,000

ILW0141Z
¥64,000

ヒドゥンチャネルのすっきりとしたソールを真っ赤に染め上げる。底付けはブラックラピド製法

MEN'S SHOES BRANDS & MODELS
紳士靴ブランド モデル図鑑

Bettanin & Venturi 🇮🇹
ベッタニン & ベントゥーリ

ベッタニン家のみが使えるという「カデノン製法」で有名。これはノルヴェジェーゼ製法の源流と言われ、堅牢で精密な造り、三つ編みのような繊細なステッチが特徴的。もちろん、その他の製法も巧みに使い分ける。

問い合わせ＝伊勢丹新宿店（03-3352-1111）

参考商品

カデノン製法で作られた品。ソールの装飾もスペシャル感のある豪華な仕様

371
¥120,000

952
¥75,000

Perfetto 🇯🇵
ペルフェット

OEMで技術を培ったメーカー、ピナセーコーが2007年に開始したブランド。ブランド名は伊語で「完璧」の意。言葉通り、ラテン系靴の雰囲気を伴うデザインと、革の品質や細部の仕上げに完璧と言えるこだわりが見える。

問い合わせ＝WFG（03-3423-2021）

美しい半カラス仕上げ。ヴェヴェルドウエストとテーパードヒールの組み合わせが、洗練された印象を与える

PT3002W
¥47,000

PT2204A
¥46,000

PT3011Y
¥50,000

絞られたウエストが丁寧なハンドメイドを伺わせる。真っ赤なソールはドレッシーな装いに合わせたい

madras

マドラス

1921年に米国からグッドイヤーの設備を導入し、靴製造を始めた靴メーカーが前身。その後イタリアのマドラス社と提携して現在の形に。防水性や耐久性などを重視した、ビジネスユース向けの高機能靴に注目が集まる。

問い合わせ＝マドラスお客様相談室
（0120-30-4192）

M2401 BLA ¥38,000

M2401 BRN ¥38,000

M725G BLA ¥31,000

M2404 BUR ¥38,000

長い歴史と、その中で培われた技術が美しく繊細な靴を生み出す

M272 BUR ¥24,000

M4001 BUR/C ¥45,000

M4001 GRE ¥45,000

M272 GRY ¥24,000

M724G DBR ¥30,000

M724G NAV ¥30,000

MEN'S SHOES BRANDS & MODELS
紳士靴ブランド モデル図鑑

Magnanni
マグナーニ 🇪🇸

柔軟性の高さが特徴のボロネーゼ製法、底革が土踏まずを覆うオパンカ製法という2つの特殊な技術を使いこなし、「靴下だけのよう」と言われる極上の履き心地を実現。ハンドフィニッシュによる深いカラーリングも魅力。

問い合わせ＝オークニジャパン（0800-111-0677）

17098 ARCADE
¥65,000

ウエストの片側、あるいは両サイドがアッパーの上に覆い被さるオパンカ製法は、見た目にも印象深い

28096 WIND
¥65,000

スペインのアルマンサにあるマグナーニの本社工場。創業は1954年

82549 GUODI
¥46,000

「色の魔術師」と呼ばれるミゲール・ブランコ氏のハンドフィニッシュ。美しいムラ染めは丁寧な手作業によって実現する

28285 CATANIA
¥66,000

ライニングを袋状に仕立てている様子。まるで靴下のような軽やかな履き心地の秘密

27571 OSWELL/GRAB
¥57,000

77

Marelli

マレリー

日本の世界長ユニオンが技術提携して手がける、イタリアの老舗ブランド。モカシン縫いのスリッポンがトレードマーク。「リフレッシュー」は、医学的な見地から足へのフィット感や歩行をサポートする高機能靴のライン。

問い合わせ＝世界長ユニオン（03-5655-4191）

4217
モカシーノ
（オン・ザ・ラスト）
¥38,000

Marelli Refreshoe
5700
¥29,000

4232
縫割モカシーノ
¥26,000

手作業によるモカシーノステッチや底付けは、国内の工場で作られる。
安定した品質と時代のニーズに合う商品が日々研究されている

Mila Schön

ミラショーン

世界長ユニオンが手がける、ファッションブランド「ミラ・ショーン」の靴ライン。ボロネーゼ、マッケイ、モカシンなど様々な技術を駆使し、快適性とファッション性を両立させる。エキゾチックレザー使いも印象的。

問い合わせ＝世界長ユニオン（03-5655-4191）

波型の半カラス仕上げが特徴的なレザーソール。マッケイ製法で、前面がヒドゥンチャネル仕様

ML303
¥32,000

ML512
¥42,000

ML017
本モカシーノ
¥68,000

MEN'S SHOES BRANDS & MODELS
紳士靴ブランド モデル図鑑

Miyagi Kogyo 🇯🇵
ミヤギコウギョウ

高い製靴技術を持ちOEMやオーダーメイドで活躍する宮城興業と、紳士靴の名店WFGがコラボして誕生したブランド。エレガントな美しさを醸し出す、スマートなシルエットと小振りのキャップトゥが特徴的なデザイン。

問い合わせ=WFG（03-3423-2021）

MIW0002X
KAKITSUBATA
¥52,000

MIW0033I
HANASHOUBU
¥64,000

MIW0001A
BENIBANA
¥52,000

シンプルながら、洗練された曲線美と丁寧な仕事が伺える、繊細な仕立てのレザーソール

Yanko 🇪🇸
ヤンコ

スペインの老舗メーカーが'61年に開始したブランド。グッドイヤーウェルテッドの高い品質と、王道のクラシックスタイルが人気を集める。ヨークソールという、レザーとラバーを複合し双方の長所を活かしたソールも有名。

問い合わせ=WFG（03-3423-2021）

YAW4539I
¥46,000

ハーフのコマンドソールが取り付けられ、ややワイルドなルックスに。グリップも良し

YAW4560B
¥46,000

こちらはヒドゥンチャネル仕上げに、コテによる装飾が適度に入れられ、上品な仕上がり

Union Imperial

ユニオンインペリアル

世界長ユニオンが技術を結集させて作るオリジナルブランド。ハンドソーンウェルテッドで仕上げられる靴としては最高のコスパを見せ、日本人の足に合ったラストも魅力的。細部まで丁寧な仕立ても美しい、秀逸な靴。

問い合わせ＝世界長ユニオン（03-5655-4191）

リブを使わず、インソールとウェルトを手作業ですくい縫いする様子。高い品質を守るために、少数生産のスタイルを維持している

U1105
¥43,000

U1521
¥48,000

「プレステージ」ラインの半カラス仕上げ。刻印やコテによる装飾で引き締まった印象に

「プレミアム」ラインのソールは、カラス仕上げに刻印の飾りが施された華やかな仕様。高級感が出る

U1522
¥48,000

U1701
¥40,000

「プレステージ」ラインのダイナイトソール。紳士靴の繊細なイメージを保ちながら、機能性と耐久性を上げる

U1540
¥48,000

U1121
¥43,000

U2002（グッドイヤー）
¥36,000

U2003（グッドイヤー）
¥36,000

U2001（グッドイヤー）
¥36,000

MEN'S SHOES BRANDS & MODELS
紳士靴ブランド モデル図鑑

Union Works
ユニオンワークス

ユニオンワークスがプロデュースする完全オリジナルブランド。製造は本場イギリスで行ない、堅実な造りとスタンダードなデザイン、秀逸な履き心地とコストパフォーマンスで、靴好きも納得のクオリティに仕上がっている。

問い合わせ＝ユニオンワークス（03-5458-2484）

Double Monk Shoes
Black ¥41,000

英国トラッドを彷彿とさせる王道シンプルな仕上げ。オールソールで自分好みの仕様にカスタムするのも楽しみのひとつ

Cap Toe Shoes
Black
¥41,000

Tassel Slip On Shoes
Black ¥41,000

Semi Brogue Shoes / Black
¥41,000

Cap Toe Shoes
Brown
¥41,000

Semi Brogue Shoes / Brown
¥41,000

Side Elastic Shoes
Black
¥41,000

REGAL
リーガル

リーガルコーポレーション（当時は日本製靴）がアメリカの企業と契約し生み出した、国産紳士靴ブランドの代表格。多くの派生ブランドやビスポークも手がけるという幅広い展開で、様々な日本人のニーズに応えている。

問い合わせ＝リーガルコーポレーション お客様相談窓口
（047-304-7261）

05HR
¥36,000

05KR
¥28,000

防水性やグリップの良いラバーソールは、ビジネスユースにも安心

11JR
¥24,000

07LR
¥28,000

811R
¥22,000

10LR
¥24,000

707R
¥32,000

315R
¥27,000

03KR
¥28,000

02DR
¥36,000

MEN'S SHOES BRANDS & MODELS
紳士靴ブランド モデル図鑑

RAIN MAN
レインマン

紳士靴の弱点であった「雨の日」の使用を想定し、ロークなどを取り扱うユーロパシフィックが2013年にスタートさせたブランド。ただのレインシューズではなく、革靴へのこだわりを随所に見せた本格的な造りが特徴的。

問い合わせ=㈱ユーロパシフィック ジャパン（03-5785-2103）

RM9001
BLK/BLK
¥12,000

GIBSON
BLACK
¥13,000

RM9001
DBR/BRIC
¥13,000

ソールはもちろん、完全防水でグリップ性能の良いラバー製を採用

ROYAL BROGUE
Burgundy
¥48,000

Loake
ローク

1880年に創業したノーザンプトンの老舗。完成までに8週間を要するという丁寧な造りのグッドイヤーウェルテッド製法で、堅実かつクラシカルな靴を作り出す。タッセルローファーは'80年代UKロックの代名詞にもなる。

問い合わせ=㈱ユーロパシフィック ジャパン（03-5785-2103）

PERTH Black
¥65,000

コテによる装飾が華やか。グッドイヤーウェルトのオーソドックスな雰囲気を感じる

TASSEL LOAFER
Oxblood Polished
¥46,000

Lottusse
ロトゥセ

スペイン・マヨルカ島発祥の、名門ブランド。英国から学んだ王道の靴作りをベースに、アメリカやヨーロッパ各国の特長を取り入れたり、新素材を効果的に使ったりと、枠にとらわれない自由なデザインが魅力。

問い合わせ＝伊勢丹新宿店（03-3352-1111）

LO-A2956
¥61,000

LO-A2924
¥61,000

LO-A2937
¥58,000

VNW0019A
MADE IN JAPAN
¥35,000

雨の多い日本では実質主戦力になるラバーソール仕様も揃える。素材の選択や仕上げで紳士靴の良さは損なわない

World Footwear Gallery
ワールド フットウェア ギャラリー

世界各地から優れた靴を集めるセレクトショップ、ワールド フットウェア ギャラリーがその知識とノウハウを活かし、独自にプロデュースするブランド。製造元、デザイン、造りの全てにこだわりが注ぎ込まれた秀逸な品を揃える。

問い合わせ＝WFG（03-3423-2021）

BNW2103A
MADE IN CASABLANCA
¥35,000

斜めのラインがシャープな印象を与える半カラス仕上げ。原産国はカサブランカ

CBW0003Z
MADE IN ITALY
¥35,000

MCW0003I
MADE IN FRANCE
¥74,000

国ごとに異なる紳士靴のキャラクター

誰もが認める王道のイギリス

紳士靴の本場と言えば英国。また、英国の靴製造の中心地と言えばノーザンプトン。20世紀中頃の全盛期には、この地に数百社に及ぶ靴メーカーが存在したというが、現在は淘汰され、減少。しかしながら、誰もが知るような有名ブランド数十社が依然として第一線で活躍している。

中心的な製法は「グッドイヤーウェルテッド」（同製法はアメリカ発祥ではあるが）。19世紀に機械化が進む中、大規模な生産体制を整えていき、現在でも生産性、品質、履きやすさ、オーソドックスなデザインなど、各々のバランスが取れた質実剛健の紳士靴を作り出している。

また、ロンドン市内にはビスポーク専門店が多く、世界でもトップクラスの品質を誇る靴が作られる。

ヨーロッパの靴大国イタリア

イタリアは一大靴生産国。また、革大国としても知られている。紳士靴においても、イギリスに負けず劣らず老舗や超人気ブランドが多い国と言える。

中心的な製法は「マッケイ」。伊達男の国、イタリアらしく、すっきりとして、洒脱で、現代的で、スタイリッシュな、いわばモテるための靴が多い印象だ（良い意味で）。履き心地も軽やかで、パーティ向きのドレッシーな装いや、街歩きのカジュアルファッションに合わせやすい。もちろん、歴史が古いだけあり、造りや仕上げのクオリティも申し分ない。

また、小規模な工房も多く、個人の職人を含めれば、日本で流通していない様々な銘柄の靴が無数に存在する。

靴の技術を押し上げたアメリカ

現在の主要な技術や設備、アッパーの縫製ミシンやグッドイヤーウェルテッド製法、マッケイ製法などは、アメリカで開発されたもの。つまり、大衆向けの量産型革靴という文化の水準を押し上げたのは、他でもないアメリカということになる。イギリスは、19世紀末期に確立した量産のノウハウをアメリカから輸入し、量産体制を整えていった形だ。

靴の特徴は、技術とは反対にアメリカがイギリスのベーシックな造りを踏襲している。上流階級向けの高級靴やファッショナブルな時代性のある商品を展開するような、日本でも人気のブランドがある一方で、一般大衆や労働者に向けた量産靴も充実していて、サイズの豊富さ、歩きやすさ、コストパフォーマンスを重視したブランドが多い。

美意識と機能性を両立させるフランス

イギリス風の堅実な技術を踏襲しながら、伝統に縛られない「美しい靴」を作り出す個性的なブランドが多いフランス。世界有数のファッションブランドを抱えるだけあり、靴というファッションの要に対する考え方も非常にシビアなようだ。ブランドの顔とも言える人物（あるいは代表者本人）が核となりアートディレクターを務め、クオリティコントロールや方向性の決定をしっかりと監督しているパターンが多い。

日本に入ってきているフランスの靴は、比較的価格が高い。その代わり、社交界でも存在感を放てそうな個性的な靴を手に入れることができる可能性も高い。

器用なオールラウンダー日本

日本には、文明開化と前後して製靴技術が伝わり、明治初期から小規模な職人による靴作りと、大規模なメーカーによる生産が始まっているため、意外に長い歴史を持つ。明治35年創業の日本製靴（現・リーガルコーポレーション）、明治5年創業の大塚製靴などは老舗として有名だ。

靴の特徴は、良くも悪くも、あらゆる作風を幅広く手がけていること。同じブランドでも様々なラストを使い分けたりして、まったく雰囲気の異なる靴を器用に作り出す。

近年は、OEMを手がけていた中小メーカーや工場が独自ブランドを始めたり、個人レベルの靴工房も増えるなどし、日本人の「靴好き」な国民性を反映したように、実に多種多様なラインナップが出揃ってきている。

魅力的な靴を作るその他の国々

ヨーロッパでは、スペイン、ポルトガルなどでも伝統的な靴作りが根ざし、独特なデザインやコストパフォーマンスを武器に、日本での人気を得ているブランドが多い。

その他にも、世界の工場としてOEMを手がけてきたアジアや南米のオリジナルブランドが、少しずつ存在感を増してきている。クオリティ、デザインともにさほど遜色ないにもかかわらず、欧米よりもコスパの良い日本の、さらに上を行く安価な靴を提供していて、注目度は上がる一方だ。

紳士靴の手入れ

HOW TO CARE FOR MEN'S SHOES

紳士靴の醍醐味は、手入れを施すことで新品以上の輝きを見せてくれるところ。デリケートと思われがちな紳士靴も、実は手入れ次第で耐久性が上がる。汚れやダメージを気にせず、気持良く靴を履くために大切な手入れを身につけよう。

協力=株式会社コロンブスス

CONTENTS

手入れのメニューを使い分ける ── P.87	長期保管前の手入れ ── P.102	コバの補修 ── P.112
基本の道具を手に入れる ── P.88	コードバン靴の手入れ ── P.103	靴内部の手入れ ── P.114
購入直後の手入れ ── P.89	スエード靴の手入れ ── P.106	カビのケア ── P.115
日常的な手入れ ── P.93	エナメル靴の手入れ ── P.109	傷・色抜け補修 ── P.116
本格的な手入れ ── P.94	ワックスのヒビ割れ補修 ── P.110	水濡れ・水ジミ対策 ── P.118

🜲 Care Menu
手入れのメニューを使い分ける

靴の状態に合わせて最適な手入れメニューを選択する

　紳士靴を良い状態で保つには、革の状態を見ながら、ケースバイケースで適切なメニューの手入れを施すことが大切。靴に付いたホコリや砂などの汚れを落とすブラッシングや、革から抜けてしまった油分を補うクリームなど、それぞれの作業に意味がある。始めのうちは、ここで挙げた5つのタイミングに合わせ、紹介している各メニューを実践していこう。何度か繰り返すうちに、靴がどんな手入れを必要としているかが自然とわかってくるはずだ。

購入直後の手入れ (P.89〜)

クリームで油分を補い、革底の場合はソールコンディショナーを塗ることで柔軟性を出す。ワックスで磨き仕上げをし、適宜ハイシャイン仕上げや撥水スプレーを施す。

MENU
- クリーム
- ソールコンディショナー
- ハイシャイン仕上げ
- 撥水スプレー

日常的な手入れ (P.93〜)

靴を履いた日は、1日の最後に簡単な手入れを行なっておく。こうすることで、ワックスやクリームも長持ちし、カビなどから靴を守ることができる。

MENU
- ブラッシング
- 適切な保管

本格的な手入れ (P.94〜)

1ヵ月に一度、あるいは汚れた後、濡れた後、油分が抜けてしまったときなどには、クリームからワックスまでしっかり施す、本格的な手入れを行なう。

MENU
- ブラッシング
- クリーナー
- クリーム
- ハイシャイン仕上げ
- 撥水スプレー

長期保管前の手入れ (P.102〜)

ある程度長期的に履かないことがわかっていれば、ワックスを取り、カビ対策などを施した後で、風通しの良い場所で保管する。

MENU
- クリーナー
- 防カビスプレー
- 適切な保管

リフレッシュ手入れ (P.110〜)

ワックスがヒビ割れた、トゥに引っかき傷ができた、コバが傷んできたなど、特定のダメージに対しては、それに適した処置を行なう。

MENU
- ワックスのヒビ割れ補修
- コバの補修
- 靴内部の手入れ
- カビのケア
- 傷・色抜け補修
- 水濡れ・水ジミ対策

✦ Basic Tools
基本の道具を手に入れる

どんな作業にも対応できる4つの基本道具

　手入れの道具は実に多種多様だが、ここで紹介している4つの道具さえ用意すれば、基本的にどの作業にも対応できる。この他にも便利な道具はたくさんあるので、気になる道具は積極的に試し、自分に合うものを見つけると良い。

　また、道具の他にもクリームやワックスなどのケア用品が必要になるが、それは各メニューの解説ページで紹介している。自分が行ないたい作業内容によって、適宜買い足していくようにしよう。

ブラシ

革靴用のものをブラッシング用、クリーム用で2つ用意する。他色と分けた方が良い黒いクリーム用にもう1つ。計3つあれば事足りる。馬毛はブラッシングに、豚毛はクリーム用に使い分けよう。サイズは大きい方が作業が楽。

◆ ADVICE
毛足の密度で選ぶのがポイント

ブラッシングの項目でも解説するが、毛足の密度が低いものはクリーム用に向いている。密度が高いものは、ホコリやゴミを払い落とす作業に向いている。ブラシを選ぶ際は、この点も気にしてみると良い。

ウエス／ブラシ

ウエスは、クリーナーで汚れを落とす作業と、クリームを塗布する作業に使用する。ホームセンターなどで売っているネル生地のウエスでも、靴専用のクロスでも良い。染色されたものは色移りのリスクがあるので、白がおすすめ。また、クリームやソールコンディショナーの塗布にも使える、小型ブラシでもOK。両方揃えて使い分ければ、非常に便利だ。

シューツリー

手入れの最中や保管のときは、靴のフォルムを維持するためにシューツリーを使うのが基本。サイズや形がフィットしているのは当然だが、湿気を吸ってくれる無垢の木のものがおすすめ。

クロス

ワックスを磨き上げるためのクロス。靴の手入れ専用のクロスがあるので、1枚用意しておけばOK。

Care Shoes After Purchase
購入直後の手入れ

在庫中に抜けてしまった油分を専用クリームでしっかり補う

購入直後、つまり新品の状態は、靴が最も良いコンディションになっていると思いがちだが、意外と在庫中に油分が抜けた状態になっている。まずはクリームを塗って油分を補うのがポイント。無色や靴の色に合わせた通常の靴用クリームでも構わないが、より水分や油分の補給に向いている「デリケートクリーム」がおすすめ。また、革底の場合は始めにソールコンディショナーを塗っておくことで、柔軟性が増して足馴染みが早くなり、汚れにも強くなる。

TOOL

シュートリー　／　ウエス　／　クリーム用ブラシ　／　クロス　／　デリケートクリーム（靴用クリーム）　／　ソールコンディショナー

シュートリーを入れる

手入れの最中は、甲のシワを伸ばし型崩れを防ぐために、シュートリーを入れるのが基本。入れ込む際は、無理やり押し込むのではなく、ひねりながら靴の形に沿って滑りこませるように差し入れれば、靴にダメージを与えないで済む。

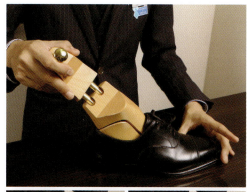

シューレースを軽く緩めたら、シュートリーの後ろ側を持ち、外側に倒した状態で先端を靴に入れ込む。シュートリーをひねるようにして垂直に戻しながら押しこめば、自然に入っていく

最後はカカトの部分を下に押し込み、ヒールカップにしっかりフィットさせる。シューレースは外さなくても、結んで靴の中に入れておけばOK

両足とも同様にして準備は完了

購入直後の手入れ

クリームを塗る

クリームをアッパー全体に塗り伸ばし、しっかりと浸透させる。薄く塗り伸ばすのが基本だが、最後に余分なクリームはブラッシングで取り去るので、塗りすぎを気にすることはない。注意点は、ウエスを押し付けて革を傷めないこと。

指にウエスを巻く

人差し指にウエスを巻き付け、根本でねじる。人差し指の腹の辺りにシワが寄らないよう、ピンと伸ばしておく

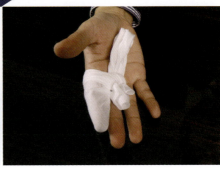

ウエスの余った部分を中指と人差し指に一周させ、端を隙間に差し込んでロックする。これで作業中にズレる心配はない

クリームを塗る

ウエスで少量のクリームを取る。一度にコーヒー豆粒大程度の量が目安

HOW TO CARE FOR MEN'S SHOES
紳士靴の手入れ

ADVICE
クリームは撫でるように伸ばす
クリームを塗り伸ばすときは、手にハンドクリームを塗るように、表面を撫でるように優しく塗り伸ばす。押し付けたり擦ったりすると、クリームを含んで少し柔らかくなった革の表面を傷めてしまうことがある。

カカト内側など、シミが付いても目立たない位置から塗り始め、様子を見ながら他の部分にも塗り進めていく。上手な塗り方は次のステップで解説

ウエスに取ったクリームを塗りたい範囲の中央にチョンと付け、円を描くように指を動かしながら、周りに薄く塗り伸ばしていく

ADVICE
リッチモイスチャーもおすすめ
乾燥した革に対して効果が強い「リッチモイスチャー」もおすすめ。水っぽいので、少し乾かしてから次の作業に移ると良い。

クリームがなくなったら再びコーヒー豆粒大を取り、同様にその他の部分にも薄く塗り伸ばしていく。ステッチやコバとアッパーのスキマは、無理に広げて奥まで塗らないこと。この後のブラッシングで自然に行き届く

ブラッシングと磨き仕上げ

クリーム用ブラシで全体をブラッシングし、染み込みきれずに浮いている余分なクリームを取り去る（ブラッシングのコツはP.93）。余分なクリームが残っていると、汚れを吸着してしまうので注意。また、ウエスでは塗りきれていないステッチ部分、あるいはコバとアッパーのスキマまで、しっかりとクリームを伸ばすことも意識する。最後にクロスで磨くと、適度なツヤが出て美しく仕上がる

購入直後の手入れ

ソールコンディショナーを塗る

革底専用に配合されたクリームなので、保革しつつ繊維を引き締めて耐久性を高くしてくれる。また、油分が入るため革の固さが和らぎ、足馴染みが早くなる。もちろんアッパーと同じくウエスで塗っても良いが、小型のブラシが便利。

 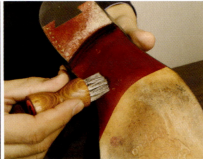

少量のソールコンディショナーをクリーム用の小型ブラシに取り、革底全体に塗り伸ばす。コンディショナーが足りなくなったら足し、ソール全体に満遍なく塗ること。接地しないウエスト部分にもしっかりと塗ると良い

ポリッシュ〜ハイシャイン

しばらく履かないなら必要ではないが、履く前からしっかりとワックスを塗って表面をコーティングしておけば、汚れや軽いダメージから革を守ることができる。

> ◆ **ADVICE**
>
> **買ったばかりの靴は小マメに磨くのが良い**
>
> 買ったばかりの靴は、まだ革が固く足の形に馴染んでいないし、返りも悪い状態。履き込むことで、汗や湿気を吸って柔らかくなり、少しずつ馴染んでいく。ただし、毎日のように履くと靴が傷むので、1日おきなど、適度に休ませながら、手入れも欠かさないようにして履き続けるのがおすすめ。

シューポリッシュを塗ってハイシャイン仕上げを施す手順は、P.98から詳しく解説している。使用するポリッシュも、クリームと同様、始めのうちは無色でも問題ない。履いているうちに元の色味が薄くなってくるので、そうなってから色付きのポリッシュを使えば良い

Day-To-Day Care
日常的な手入れ

カビの原因となるホコリを取り除き、シュートリーを入れて保管

　靴を履いた1日の終わりには、軽い手入れを施す。カビの原因となる表面の汚れを払い落としたら、シュートリーを入れ、できれば靴用の収納袋、あるいは風通しの良い日陰で保管する。そのまま、次に履いたり、他の手入れを施すまでに、最低でも一晩は時間を置いて湿気を飛ばすのが良い。

　ちなみに、靴に付着する汚れは、ホコリなどの粉塵、水性汚れ、油性汚れの3種に分けられる。日常手入れでは、簡単には落ちない油性汚れは深追いしなくても良い。

ブラッシング〜収納

基本的にメニューは「ブラッシング」と「適切な保管」の2つ。ただし、履いているときにぶつけて傷が付いていたり、水に濡れてしまっている場合は、それぞれの項目で紹介している手入れを施すことをおすすめする。

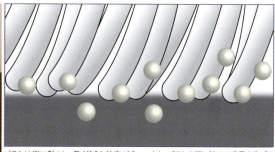

ブラシは縦に動かし、長く使うと効率が良い。また、ブラシを押し付けて毛足を曲げると、払う力が逆に弱まってしまう。上のイラストのように、1本1本の毛がバラバラと振り子のように動くことをイメージし、毛先で表面を撫でるような力加減でブラッシングするのが最も効果的だ。またステッチの部分はラインに沿ってブラシをかける

コバとアッパーのスキマなどの奥まった場所は、一方向に優しく掻き出すようにブラシを掛ける。強い力で往復させると、汚れが奥に押し込まれてしまうことがある。また、ブラッシングで落ちない頑固な汚れは、月イチの本格的な手入れで取り除くので、日常的な手入れのときは気にしなくても良い

靴にはシュートリーを入れる。湿気で柔らかくなっているので、甲のシワを伸ばしておかないと形が刻まれてしまう。また、保管中に新たなホコリやカビ菌が付着することが防げるので、靴に付属していた袋や不織布の袋に入れ、通気の良い日陰で保管するのがベスト

⚜ Regular Care
本格的な手入れ

靴に油分と栄養を補給し、新しいワックスコーティングを施す

　本格的な手入れをするタイミングは、時間で言えば月に一度程度。あまり履いていなくても、油分は抜けるし、状態を見るという意味でも定期的に行なうのが好ましい。また、ぶつけたり、引っ掛けたりしてワックスの表面が荒れてしまったとき、濡れた靴を乾かして油分が抜けてしまった後などは、この本格的な手入れをおすすめする。

　特に、靴が新しいうちはマメに行なうこと。履き慣らしてきたら、頻度を減らしても良いだろう。

◆ TOOL

シュートリー／ホコリ用ブラシ／クリーム用ブラシ／靴用クリーナー／ウエス／靴用クリーム／クロス／ハイシャイン専用靴クリーム

ブラッシング

本格的な手入れでは、羽根の内側も汚れを落としてクリームを塗るので、シューレースを外しておく。靴にシュートリーを入れたら（P.89参照）、ブラッシングをして付着したホコリを払う（P.93参照）。頑固なこびり付き汚れについては、後のクリーナーでしっかりと落とすので、ブラシで無理に擦らないようにしよう。

外したシューレースも軽くチェックしておく。表面が毛羽立ったり、繊維がささくれたりしていたら、新しいものに交換する

シュートリーを入れ、ブラッシングをする。シューレースを外したので、アイレットの周りもしっかりとブラッシング

HOW TO CARE FOR MEN'S SHOES
紳士靴の手入れ

クリーナー

靴用のクリーナーは、汚れを浮き上がらせて取り除くことができ、革に影響の少ない配合になっている。付着した汚れとともに、クリームの浸透を妨げる古いワックスも取り除く。

人差し指にウエスを巻き（P.90参照）、クリーナーを染み込ませる

◆ ADVICE
ウエスをしっかりと湿らせる

乾いたウエスで靴を擦ると、摩擦で表面を傷めることがある。革に当たる部分にしっかりとクリーナーを染み込ませ、湿った状態にするのがポイント。

ウエスが革の表面に軽く触れた状態で、撫でるようにして汚れを拭き取る

◆ ADVICE
表面を軽く撫でる程度

クリーナーで革が湿ると柔らかくなり、傷みやすくなる。ウエスは押し付けずに軽く撫でるような力で拭き取るのがコツ。力を入れなくても、クリーナーが溶かした汚れをウエスが自然にキャッチしてくれる。

段々とウエスに汚れと古いワックスが移り、黒くなってくる。そうなったらウエスを一度外し、きれいな部分に付け替える。これを小マメに繰り返し、少しずつ全体をきれいにしていく

タンにも汚れが付着しているので、羽根を軽くめくって内側までクリーナーをかける

写真は右がクリーナー前で左がクリーナー後。ワックスが落ちると、革の地肌が見えてマットな質感になるので、そこがクリーナーの止め時

本格的な手入れ

クリームを塗る

ワックスが取れて革がスッピンの状態になったら、油分と栄養を与える靴用のクリームを塗る。タンの部分にもクリームを塗ることを除けば、P.90の手順とほとんど変わらないので、そちらも同時に参照してほしい。

きれいなウエスを人差し指に巻き、クリームを薄く塗り伸ばしていく。目立ちにくいカカトの内側から塗り始め、様子を見ながら全体に塗り伸ばしていく

羽根を軽くめくり、タンにもクリームを塗る。無理に押し広げず、自然に指が入るところまででOK

ADVICE
小型のブラシを活用する

解説はウエスを使って進めているが、定番の小型ブラシを使ってクリームを塗っても問題ない。メリットは、コバやステッチ（革の段差）の奥までしっかりクリームが塗れることなどがある。

クリームをアッパー全体に塗ったら、クリーム用のブラシでブラッシングする。浮いている余分なクリームを取り、逆に足りないところは補うイメージ

靴用のクロスを使い、全体を磨いたら完了。なるべく広い面を靴に当て、一ヵ所だけ強く擦らないようにするのがポイント

HOW TO CARE FOR MEN'S SHOES
紳士靴の手入れ

クロス掛けまで完了し、クリームが馴染んだ状態の靴。まだワックスは塗っていないが、油分によりしっとりとした自然なツヤが出ている

◆ ADVICE

ワックスを塗らない場合は撥水スプレーを使う

ドレスシューズやビジネス向けの場合は、多少なりともワックスを掛けた方が良いが、カジュアルユースであまり光らせたくない場合、あるいは単に好みによって、ワックスを掛けずに手入れを完了するときもある。そのような場合も、靴をコーティングした方が汚れや傷みを防げるので、靴用の撥水スプレーを使用することをおすすめする。

大抵の撥水スプレーは、スムースレザーにも使える。手順はスエードの場合と同じなので、P.107参照

◆ ADVICE

出先や時間がないときはスポンジを活用

靴用品店で良く見かけるツヤ出しスポンジも、油分やワックス成分が適度に配合されているので、充分に力を発揮する。本格的な手入れをゆっくり行なう時間がないとき、あるいは出張などでサッとツヤを出したいときに役立つ。

◆ ADVICE

クリームの色選びについて

買ったばかりで、靴の本来の色に異常がない場合は、無色でもOK。履いているうちに、シワや傷の部分の色が抜けてくるので、そうなったら同色、あるいは少し明るめのクリームを使って補色すると良い。もちろん、靴の購入時に同色を手に入れるのもおすすめ。

ハイシャイン仕上げ

ワックスを塗るのは、基本的に芯材が入っている部分のみ（トゥとカウンター）。それ以外の部分に塗ると、革が屈曲したときに表面がヒビ割れてしまう。

ハイシャインベースを塗る

ハイシャインは、トゥの中央からサイドまでを中心に仕上げ、中央部は後ろに向かって少しずつグラデーションを付けてツヤを弱める。ステッチの辺りで止まればOK。プレーントゥの場合はステッチがないので、サイドもグラデーションを付ける

ウエスでハイシャインベースを取り、トゥキャップに塗る。ここは少なめに塗ってしまう人が多いが、毛穴を埋めることが目的なので、ワックスの層ができるくらい、しっかりと塗るのがポイント

全体が曇るくらい塗ったら、1～2分ほど置いて硬化させる。ここでしっかりと乾かしておかないと、ワックス成分が定着しない

◆ ADVICE
ベースとコートを使うと楽

ハイシャインベースは下地作り、ハイシャインコートは表面のツヤ仕上げに、それぞれ適した配合になっているので、誰でも簡単にハイシャイン仕上げができる。もちろん通常のワックスでも可能。その場合も、始めは水分量を少なくしてベースを作り、段々と増やしながら水研ぎを行なう。

◆ ADVICE
革の毛穴を埋めるのが目的

革の表面には小さな毛穴の凹凸があるので、これを埋める層を作るイメージで、しっかりとワックスを塗る。

HOW TO CARE FOR MEN'S SHOES
紳士靴の手入れ

水磨き（ベース）

乾いたハイシャインベースの上から一滴の水を垂らし、ウエスを使って軽い力で磨く。層の表面のみを平らに均すイメージで、強く擦らないのがコツ。水が潤滑剤なので、乾いて滑りが悪くなったら、再び一滴垂らす

曇りが取れて、ある程度のツヤが出たら完了。再び少し置き、ベースの層を定着させる

水磨き（仕上げ）

続いてハイシャインコートを使って次の層を作っていく。ウエスの新しい面を使い、少量のコートを取る

ADVICE
ウエスにシワを作らない

ウエスの革に当てる部分にシワができないよう、ピンと伸ばした状態で指に巻くのがポイント。シワがあると、そこにワックスが入り込み、不要な分が付着してしまうので、いつまで磨いても表面が定着しない。

ベースのときと同様、全体が曇るくらい塗り広げ、1〜2分乾かす

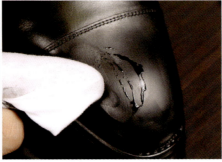

水を一滴垂らし、再びウエスのきれいな面を使って軽い力で磨く。水が乾いてきたら足す

優しい力で磨いていると、段々とツヤが生まれてくる。表面を指で触っても跡が付かなくなったら、その層は定着しているので終了。再びハイシャインコートを塗るところから繰り返す

◆ ADVICE

層を重ねるごとに滑らかになる

ワックスの層を重ねるごとに、少しずつ凹凸が均されて平らに近づいていく。少ない層では、いくら頑張って磨いても限界がある。「指で触っても跡が付かない」は、その層の限界を知るための、ひとつの目安だ。

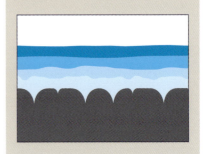

2〜3層のハイシャインコートを塗ると、大分ツヤが出てくる。焦って力を入れると層が荒れるので注意。優しい力で磨き、きれいな薄い層を重ねていけば、誰でも美しいツヤを出すことができる

3〜4層を目安に、納得のいくツヤになったら完了。丁寧に仕上げれば、顔が写り込むくらいにツヤが出た「鏡面仕上げ」も可能

HOW TO CARE FOR MEN'S SHOES
紳士靴の手入れ

ブローグ靴にワックスを塗る

穴飾りがある靴にワックスを塗ると、穴にワックスが入り込んでしまう。つまようじなどで丁寧に取り除く人もいるが、それは不要。実は穴の中にも、ある程度のワックスは必要だし、以下の手順なら必要以上に入ることはない。

> ### ⬢ ADVICE
> #### 穴飾り内部にもワックスが必要
>
> 穴飾りの中にワックスが入り込むことを嫌い、完全に取り除いてしまうと、内部のコバが未コーティングの状態になり、そこから水が染み込んでしまう。穴の周りが円状に水ジミになっているのは、大抵これが原因。
>
>

メダリオンの付近にワックスを塗る際は、穴のない部分に付けたワックスを塗り伸ばすようにする。こうすれば、穴の中に塊で入り込むことはない

磨き仕上げをする前に、ブラッシングをかければ、さらに不要な分のワックスを取り除くことができる。ハイシャイン仕上げの水磨きを同じ手順で行えば、美しいツヤが出る

> ### ⬢ ADVICE
> #### 本当はワックスを入れる穴
>
> 記事監修・三橋氏のお話では、カントリーシューズなどの穴飾りは、中にワックスを詰めて靴自体の防水性を高める目的もあるとのこと。英国靴ブランドの代表者から聞いた話とのことなので、信ぴょう性が非常に高い。
>
>

⚜ Care Shoes Before Storage
長期保管前の手入れ

靴をすっぴんの状態に戻し、通気性を確保して収納

　しばらく履かないことが分かっていたら、（履いた直後なら一晩は湿気を飛ばしてから）革をすっぴんの状態、つまりクリーナーを掛けてワックスを取り除いた状態にする。ワックスコーティングは、革の放湿をわずかながら阻害してしまうのだ。また、防カビ処理を施しておけば、さらに安心だ。

　保管時は、新たなホコリやカビ菌が付かないよう、通気性の良い袋に入れ、風通しの良い場所で保管するか、定期的に陰干しをすると良い。

まずはブラッシングでホコリを落とす（P.93）。続いてクリーナーを使って汚れや古いワックスを除去する（P.95）

靴の中は、消臭スプレーを吹いておくとカビ防止になる。P.114から解説している「靴内部の手入れ」をすると、なお安心

シュートリーを入れ、靴に付属していた収納袋、あるいは不織布の袋などで保管する

❖ ADVICE
消臭スプレーを活用

大抵の革靴用の消臭スプレーには、抗菌作用のある成分が配合されているので、雑菌の繁殖を抑え、カビを防止することができる。もちろん、カビ用のミストも有効。

HOW TO CARE FOR MEN'S SHOES
紳士靴の手入れ

How To Care Cordovan Shoes
コードバン靴の手入れ

理屈が分かれば、むしろ簡単なコードバンの手入れ

　独特のツヤが魅力的なコードバンの手入れは、通常の革と少し勝手が違い、悩んでいる人も多いようだ。しかし、理屈が分かれば、むしろ手入れの作業は簡単だ。
　コードバンの表面は、緻密な繊維質を平滑に均してツヤを出している。履いているうちに、甲のシワの部分や、ぶつけたり引っ掻いたりした部分の表面の繊維が次第に荒れてくるので、この毛足を整えるようにケアするのがポイント。クリームを入れ、ワックスと紙ヤスリを使う方法を紹介する。

◆ TOOL

クリーナー　／　ウエス　／　コードバン用クリーム　／　ホコリ用ブラシ　／　クリーム用ブラシ　／　靴用ワックス　／　紙ヤスリ #600

コードバンの表面

コードバン層に含まれる緻密な繊維質が縦方向に並び、それを撫で付けるようにして平らに均しツヤを出している。そのため、何度も曲げ伸ばしする甲のシワ部分、あるいはぶつけたり引っ掻いたりした部分の表面が毛羽立ち、少しずつ荒れてくる。これを再び滑らかに整えれば良いので、繊維を押し固めるような磨き方が有効になる。

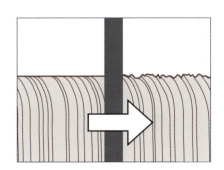

甲のシワの辺りが白っぽくなり、ザラザラとした質感になっている。こうなったら、クリームやワックスで繊維を整えてやる必要がある

コードバンの手入れ

コードバンクリーム

まずは通常の手入れ通り、シュートリーを入れてブラッシングをしたら、クリーナーで汚れを落としてからクリームを塗る（ここまでの手順はP.94〜）。コードバン用のクリームを塗り、シワの部分は繊維を押し固めるように少し強めに擦る。

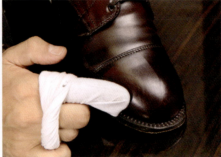

ウエスを指に巻き、通常と同じ方法で靴全体にクリームを塗っていく。このとき、表面が荒れている部分は、繊維を撫で付けるようなイメージで少し強めに擦る

ブーツの場合は、甲のシワの他にシャフトの後ろ側もシワが寄りやすい。この辺りの繊維も押し固めるように整えていく。最後にブラッシングをし、クロスで磨いておく

> **ADVICE**
> **コードバン用のクリーム**
> コードバン用のクリームは、通常のクリームよりもワックスが多めに配合されている。そのため、クリームで磨いただけでも表面を滑らかに整える効果が高い。

ツヤ仕上げ

紙ヤスリを使って一度起こした繊維を撫で付けるとともに、ワックスで磨けば、さらにツヤを出すことができる。この方法は、ぶつけたり引っ掛けたりしてできた傷にも有効。

#600の紙ヤスリを、軽く表面に触れさせる程度の力で荒れている部分に当て、優しく磨く。平らでツルツルした感じになったらOK。縫製の糸を傷付けないよう注意する

> **ADVICE**
> **荒れた繊維を起こすイメージ**
> ヤスリを掛ける目的は、荒れた繊維の毛並みを整えるために、一度毛羽立たせること。削るのではなく、表面の繊維を起こすように優しく磨くイメージ。

HOW TO CARE FOR MEN'S SHOES
紳士靴の手入れ

ウエスで少量のワックスを取り、アッパー全体に塗っていく。このとき、ヤスリを掛けた部分は少し強めに擦り、繊維を馴染ませる

ワックスを塗った部分に水磨きを施す（P.99参照）

ヤスリで起こした繊維を整えながら、ワックスを水磨きしたことで、さらなるツヤを出すことができた。ドレスシューズなどの場合は、トゥやカウンターにさらに層を重ねてハイシャイン仕上げを施しても良い

◆ ADVICE
エッヂクレヨンを使ってもOK

コードバンの表面はコバと似ているので、「コバの補修（P.112）」で紹介するエッヂクレヨンを使い、繊維を押し固めるように磨く方法もおすすめ。エッヂクレヨンは本来コバ用だが、コードバンの部分的な傷の補修も手軽に行なうことができる。

◆ ADVICE
ダークバーガンディには黒のクリーム

コードバンの人気色は、オックスブラッドなどとも呼ばれる、深いワインレッドの「ダークバーガンディ」。馬革は履いているうちに色味が抜けてくることが多いため、同じダークバーガンディのクリームを使っていても、わずかに色ムラができることもある。このような場合に三橋氏は、黒のクリームを使用するという。全体的に濃い色をキープしつつ、ムラを抑えることができる。三橋流のやり方なので、やや難易度の高いテクニックだが、気になる方は目立たない場所で試しながら実践してみてはいかがだろうか。

How To Care Suede Shoes
スエード靴の手入れ

毛並みを整え、専用スプレーで栄養を補給する

　スエードは、革の床面（裏側）の繊維を故意に毛羽立たせ、毛並みを整えたもの。クリームやワックスは、毛並みを押し固めてしまうので使えないため、基本的には汚れを落とし毛並みを整えるためのブラッシングと、栄養スプレーで手入れを行なう。また、撥水スプレーとの相性が良く、これを行なっておくと多少の水や汚れは弾いてしまう。

　ヌバックは銀面（表側）を削って毛羽立たせたものだが、スエードと同じ手順で手入れできる。

◆ TOOL
ワイヤーブラシ　スエード用栄養スプレー　ホコリ用ブラシ　撥水スプレー

スエードの表面

スエードは、毛羽立たせた繊維の毛足の長さと毛並みを整えた状態。履いているうちに、汚れが付着したり、ぶつかったりした部分の毛並みが乱れたり潰れたりして、表面が荒れてくる。手入れは、汚れを落としながらこの荒れを整えるようにブラッシングするだけなので、スムースレザーよりも簡単と言える。スエード靴がカジュアルに履ける理由は、この手入れの手軽さにも要因がある。

トゥの中央やサイドの部分に、毛足が潰れて色が変わっている部分がある。こういった部分が目立ってきたら、手入れの合図

HOW TO CARE FOR MEN'S SHOES
紳士靴の手入れ

毛並みを整える

通常のホコリ落としブラッシングの後、ワイヤーブラシで毛足を整える。部分的に細かい動きでブラシを掛けるのがコツ。

手首のスナップを利かせ、毛を引き起こすようなイメージでワイヤーブラシを掛ける。毛並みが乱れている部分を念入りにやる

たまにワイヤーブラシの当て方を変え、様々な方向からブラッシングをすると、さらに効果的

ADVICE
スエードブラシでもOK

ラバー素材のスエードブラシでもOK。また、ラバーとワイヤーブラシがセットになったタイプのブラシもあるので、好みのものを選ぶと良い。ワイヤーは、新品よりも写真のように少し荒れてからの方が効果が出る。

保革スプレー〜撥水スプレー

クリームは使えないので、スエード用栄養スプレーを活用する。撥水スプレーは、一般的な靴用のものでOK。

毛並みを整えた表面にスエード用の栄養剤(スプレータイプ)を吹き掛け、通常のブラシを掛けて馴染ませる。クリームが付くと良くないので、クリーム用ブラシとは区別すること

最後に撥水スプレーを施して完了。水だけでなく汚れや油分も弾くので、毛足の乱れも防げる

ADVICE
使用上の注意に従って

撥水スプレーは、革の表面にフッ素樹脂のコーティングを施すもの。吹き掛ける量や距離、乾燥時間などの指示を守らないと、本来の効果を得られない。また、屋外の風通しの良い場所で使うこと。

スエードの泥汚れ

泥汚れなど、頑固なこびり付き汚れは、通常のブラッシングで大まかに落とした後、天然ゴム製の専用クリーナーに吸着させてきれいにする。擦りすぎに注意。

泥汚れを被ったまま乾燥し、毛足の奥まで入り込んでしまった状態。むやみに擦ると悪化させてしまう恐れがあるが、適切な道具で丁寧に作業すれば大丈夫

まずは通常のブラシとワイヤーブラシを使い、できるところまで汚れを落とす

毛足の奥に残っている汚れは、天然ゴム製のクリーナーで擦って落とす。擦りすぎると表面を傷めるので、ピンポイントで頑固な汚れのみに使うのがおすすめ

◆ADVICE
便利なゴムのクリーナー

毛足に絡まった頑固な汚れはもちろん、薄い色のスエードの黒ずみなどにも使えるので、1つ持っておくと便利。

汚れが落ちたら、スエード用の栄養スプレーを吹き掛け、ブラッシングで馴染ませておく

✦ How To Care Enamel Shoes
エナメル靴の手入れ

エナメル専用のクリームで磨けば簡単にツヤが蘇る

　エナメルは革の表面をウレタン樹脂で覆っているため、ブラッシングでのホコリ落としやクリーナーの手順は革と同じだが、通常のクリームは使用しない。シリコンオイルを配合した「パテントレザークリーム」などのエナメル専用品を使うと良い。ワックスでポリッシュ仕上げをしなくても、エナメル特有のツヤが簡単に蘇る。

　ただし、樹脂は必ず劣化するので、エナメルの靴の寿命は、5年程度を目安に考えておこう。

◆ TOOL

ホコリ用ブラシ　　ウエス　　靴用クリーナー　　パテントレザークリーム　　クロス

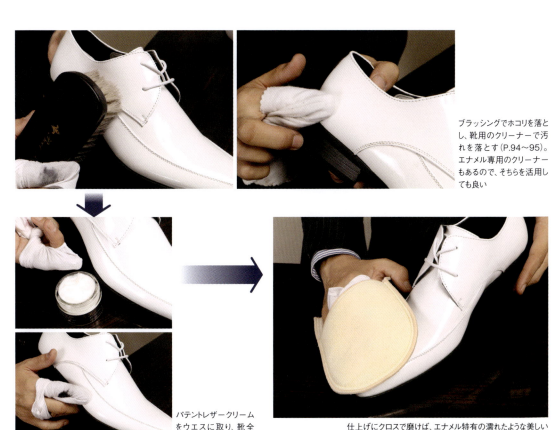

ブラッシングでホコリを落とし、靴用のクリーナーで汚れを落とす（P.94〜95）。エナメル専用のクリーナーもあるので、そちらを活用しても良い

パテントレザークリームをウエスに取り、靴全体に薄く塗り伸ばす

仕上げにクロスで磨けば、エナメル特有の濡れたような美しいツヤが復活してくる

Reflesh I. Crack Repair Of Wax
リフレッシュ手入れ① ワックスのヒビ割れ補修

上からスキマを埋めるようにワックスの塗膜を作る

ワックスの表面にヒビ割れのような跡ができることがある。これは、ワックスの層を厚くしすぎたことが原因であることが多い。また、歩いているときにぶつけたりすると、その部分だけワックスが剥がれて窪みのようになってしまう。そういった部分的なワックスのダメージは、軽いものであれば上から磨くことで補修できる。それで補修しきれない大きなダメージがある場合は、クリーナーで丁寧に拭き落としてから、再度ハイシャイン仕上げを施す。

ヒビをワックスで埋める

ワックスのヒビや部分的な剥がれは、同色のワックスで埋めてから水研ぎをすることでリカバリーする。

表面に白い筋のようなヒビ割れが見える。これは、ワックスを厚く塗りすぎてしまったことなどが原因

靴用のワックス（ハイシャインベースがおすすめ）をウエスに取り、ヒビ割れの上から塗る。ヒビと直角に擦り込み、ワックスを馴染ませてスキマを埋める

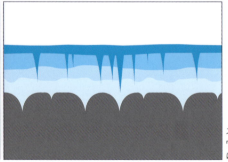

スキマを埋め、表面を覆うワックスの層ができたら、しばらく乾燥させる

HOW TO CARE FOR MEN'S SHOES
紳士靴の手入れ

仕上げに水磨きをすれば、細かい傷を修復することができる（水磨きの詳しい方法はP.99～100参照）

補修しきれない場合

上からワックスの層を作っても補修しきれない場合は、クリーナーを使って荒れたワックス層をすべて取り除く。

クリーナーを使い、丁寧に厚く塗りすぎたワックスの層を拭き取っていく

ワックスの層が厚くなっているので、焦らずじっくりとウエスの位置を変えながらクリーナーを掛ける。通常よりも長く擦ることになるので、革を傷めないように優しく擦ることに注意する。革がすっぴんの状態になったら終了

✦ ADVICE
ハイシャインクリーナーが便利

厚くなったワックスの層を落とす作業では、強く擦りすぎたりして革の表面を傷めがちになる。革を傷めずに効率的にワックスが落とせる、ハイシャイン専用のクリーナーを使うのがおすすめ。

改めてクリームからワックスでのハイシャイン仕上げを施す。ワックスを一度にたくさん塗ってしまうと厚塗りになるので、薄い塗膜を何層か重ねることを心がけよう（P.99～100参照）

Reflesh II. Repair Edge
リフレッシュ手入れ② コバの補修

毛羽立ち、色の抜けたコバを染め直してきれいにする

コバは、革の表面ではなく切り口なので、繊維がむき出しの状態になっているため、擦れたりぶつかったりして、次第に荒れてくる。傷や色抜け、毛羽立ちが多くなってきたコバは、染め直しを施し、繊維を平らに整える必要がある。

通常の手順では、コバ用染料で染め直すと同時に、紙ヤスリで優しく磨くことで繊維の表面を平らに仕上げる。ここでは、さらに「エッヂクレヨン」という固形タイプのコバ補修材を使った、手軽な方法も紹介する。

◆ TOOL

クリーム用ブラシ　／　ウエス　／　コバ用染料（エッヂカラー）　／　紙ヤスリ #400～#600　／　エッヂクレヨン

通常の補修

2回に分けてコバ染料を塗り、その間にヤスリがけをして荒れた繊維を整える。

左の写真は、表面が荒れて、色も抜けてきている様子のコバ。まずは、一般的なコバ用染料を丁寧に塗る。アッパーに付きそうだったら、マスキングテープなどを貼っておくと良い

一度目の塗りを30分ほど乾かしたら、紙ヤスリで毛羽立った部分を優しく磨き、平らに均す。番手は、#400の後に#600と使い分けると、よりきれいになる。その後、再びコバ染料を塗る

HOW TO CARE FOR MEN'S SHOES
紳士靴の手入れ

乾かした後で乾拭きし、コバ染料を馴染ませる。ワックスを塗りクロスで磨いておくと、よりツヤが出る

ADVICE
革底用と合成底用

通常の水性コバ染料（写真左）は革底のみ使え、ラバーや樹脂などの合成底には使えない。合成底の場合は、しっかりと表面を染めることができる、専用のコバインキ（写真右）が必要となる。水性染料の方が革らしいナチュラルな仕上がりになるが、多少の色落ちがあるので注意。

水性コバ染料　　合成コバ染料

コバクレヨンを使用する

染料とワックス成分を混ぜ合わせた、固形タイプのコバ補修剤。繊維を押し固めるように磨くことができるので、染め直しと同時にコバの形を整えることができる。

色が抜けたり、ダメージで荒れてしまった部分の繊維を、エッヂクレヨンで押し固めるように磨く。塗った上から、さらにウエスで磨くとより繊維が整えられる

仕上げにブラッシングをすれば、クレヨンに配合されたワックス成分でさらにツヤが出る

ADVICE
便利な固形タイプのコバ補修材

エッヂクレヨンは固形タイプなので、それだけでコバを成形しながら補色までできる便利道具。塗っているとき、不意にアッパーに着くこともないので、誰でも簡単にコバの修復をすることができる。

Reflesh III. How To Care Inside Of Shoes
リフレッシュ手入れ③ 靴内部の手入れ

忘れがちだが汚れが溜まりやすいので、定期的に手入れを

靴内部の手入れは、目につかないだけに意外と忘れがちなポイント。ホコリや汚れが溜まりやすく、雑菌も発生しやすい。放置するとカビの原因にもなってしまう。本格的な手入れの数回に一度、あるいは箱に入れて保管する前など、たまにケアするだけでも靴が長持ちするようになる。基本的にはウエスで汚れを取り、消臭・抗菌スプレーを使うだけなので、手軽に実践できる。また、普段から湿気などを溜めないように注意して履けば、より靴内部も清潔になる。

ウエスと割り箸を用意する

TOOL　　ウエス　　消臭スプレー

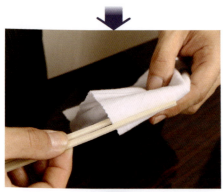

割り箸の間にウエスの端を挟み、くるくると巻き付ける

つま先の方にホコリが溜まっているので、掻き出すように掃除する。ライニングを傷めないよう注意

仕上げに除菌効果のある消臭スプレーを吹いておく。ホコリを取り除くとともに、履いた後は湿気をしっかりと飛ばしておくことが、清潔に保つポイント

Reflesh IV. How To Care Mold Shoes
リフレッシュ手入れ④ カビのケア

革の天敵であるカビを発生させないポイント

カビは革の天敵だ。革の丈夫さや吸湿・放湿性に優れた長所は、細かい繊維が複雑に入り組んだ構造にあるが、実はこれが湿気や雑菌が溜まりカビが発生しやすい要因にもなっている。まず大切なことは、湿気が溜まったまま、あるいは水に濡らしたまま、しっかりと乾燥させずに風通しの悪い場所に放置しないようにすること。特に日本の夏は気温も湿度も高く、カビが発生しやすいので、しばらく履かない場合は保管方法にも気を配りたい。

革とカビの関係

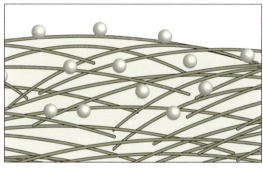

繊維のスキマに入り込んでしまったカビは、除去するのが難しい。「日常的な手入れ(P.93)」や「靴内部の手入れ(左ページ)」をしっかりと実践し、日頃から湿気や雑菌を溜め込まないことが、靴を長持ちさせる秘訣

カビてしまった後のケア

もしもカビが発生してしまったら、カビ用のケア用品を使えば、ある程度はリカバリーできる。

ウエスにカビ防止用のミストを含ませ、カビを拭き取る。仕上げに防止ミストを吹き掛けておく。防止用にも使えるが、生えてしまったカビにも効果が期待できる

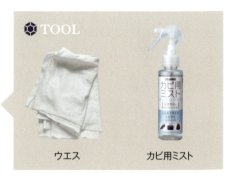

TOOL

ウエス　　カビ用ミスト

ADVICE

残ったカビの根もしっかりとケアする

表面のカビは拭き取れるが、繊維の中にカビの根が残っている可能性があるので、しばらくはしっかりと管理し、防カビ処理を続けて施すようにすると良い。

Reflesh V. Repair For Scratches And Color Loss

リフレッシュ手入れ⑤ 傷・色抜け補修

凹凸のある傷などの色抜けは、専用クリームで色を修復

靴の色は、履いているうちに抜けてくることがある。全体的な色味が落ちてきたという一般的な色抜け、あるいは軽い引っ掻き傷程度ならば、色付きのクリームやワックスによる手入れを施せば、ほとんどリカバリーできてしまう。

問題は、革の表面を少し削った傷による色抜け。染料が落ち、表面に凹凸ができるので、クリームでケアしても消しきれずに目立ってしまう。このような場合は、紙ヤスリで整えて補色専用のクリームを使った手入れを施す。

◆ TOOL

紙ヤスリ #400〜600 / 靴用クリーナー / ウエス / リペアクリーム

革の表面を整える

傷で凹凸ができてしまった部分を、紙ヤスリで磨いて平らに整える。革を傷めない力加減に注意すること。

何かに引っ掛けて、表面の色が乗っている部分が削ぎ落ちた傷跡。凹凸になっているので、通常の手入れだけでは消しきれない

◆ ADVICE
決して力を入れて擦らない

手で直接押し付けるのではなく、紙の弾力でわずかに触れる程度の力で磨くこと。革の銀面（表面の層）が削れ、床面（裏側の繊維層）が出てきてしまうと、リカバリーすることができなくなる。

紙ヤスリを、わずかに触れさせる程度の力で当て、傷の周りを磨く。色が薄くなり、凹凸が均されてきたらOK

HOW TO CARE FOR MEN'S SHOES
紳士靴の手入れ

磨いた部分をクリーナーで拭いてきれいにし、しっかりと乾燥させる。油分をしっかりと除去することで、リペアクリームの定着が良くなる

リペアクリームを塗る

パレットの上でリペアクリームを溶き、じっくりと調色したら、傷の部分に塗ってクリームで通常の手入れを施す。

パレットなどに少し出し、少量の水で溶いて緩くしたリペアクリームを、筆で少しずつ混ぜて調色する。今回はコゲ茶をベースに、黒を加えて暗くしていく

白い紙などに塗り、アッパーの元の色と比べる。調色がOKだったら、磨いた部分の周辺に満遍なくリペアクリームを塗る

リペアクリームが乾いたら、クリームを使って通常の手入れを行なう（P.96）

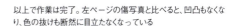

以上で作業は完了。左ページの傷写真と比べると、凹凸もなくなり、色の抜けも断然に目立たなくなっている

Reflesh VI. How To Care Wet Shoes & Water Stain
リフレッシュ手入れ⑥ 水濡れ・水ジミ対策

水濡れも、型崩れと油分の抜けに注意すれば怖くない

革は水に弱いというイメージを持つ人は多いが、実は革自体が水によって劣化するわけではない。正しい乾燥と、その後の手入れを行なわないと、水ジミが残ったり油分が抜けてしまい、革の風合いが損なわれてしまうのだ。

したがって、水に濡れてしまった後に適切な処置を行なえば、雨の日であろうと問題なく履くことができる（滑るのでゴム底がおすすめだが）。ここでは、頑固な水ジミができてしまった場合の対処法も解説する。

水に濡れた後の処置

水に濡れた革は柔らかくなり、乾くにつれ繊維が収縮する性質があるため、型崩れしないよう、シューツリーを入れるのが基本。また、下に新聞紙などを敷いて水分が抜けるようにし、時間を掛けて自然乾燥させる。乾燥後は、水とともに抜けた油分を、通常の手入れでしっかりと補給する。

> ◆ **ADVICE**
> **水濡れ時のNG**
> ドライヤーなどで急速に乾かすと、革の状態が変容しやすくなり、悪化するリスクがある。また、濡れた革は柔らかく傷付きやすいので、強く擦ったりしないこと。

水ジミとは

革に染み込んだ水が、出口を失って繊維の間に閉じ込められている状態。一度この状態になると、なかなか乾燥しきらず、シミがいつまでも残った状態になってしまう。放置すると、最悪の場合カビの原因にもなるので要注意。

※水ジミのイメージ

水ジミができてしまった場合

革の表面に黒ずんだ水ジミができてしまった場合の対処を紹介する。水に弱いと言われるコードバンを例に解説するが、どんな革にでも応用できる、簡単な方法だ。

ステッチの周りに、黒っぽく水ジミができている。一度こうなると、放っておいてもなかなかシミが抜け切れない

> ◆ **ADVICE**
> **さほど水は染み込まない**
> 撮影の為、コードバンのブーツを1時間ほど水に漬け込んだが、ステッチから水分が染み込んだ程度であった。馬革が水に弱いと言われることもあるが、手入れがされていれば（また事後の手入れを怠らなければ）、雨の日でもまったく問題ないだろう。
>

HOW TO CARE FOR MEN'S SHOES
紳士靴の手入れ

水ジミの周りにティッシュペーパーを被せ、少しずつ指で水を付けて濡らす。ティッシュペーパーをぴたりと密着させ、そのまま自然乾燥。革の中に閉じ込められていた水が引き出され、ティッシュに垂らした水とともに抜けていく

乾燥後はティッシュを剥がし、水ジミをチェック。消えていなければ上記の手順を繰り返す。消えていたら、通常の手入れで油分を補給する。多少の水ぶくれであれば、紙ヤスリを使った手入れ方法（P.104）で元に戻すことができる

SPECIAL THANKS

手入れからカスタマイズまで、靴の楽しみ方を提供するコロンブス

　本記事を監修していただいた㈱コロンブスは、戦前から革用の塗料などを扱っていた歴史の長い会社だ。革や靴に関するノウハウは深く、それを元にした画期的なアイテムを日々開発している。また、作業をしていただいた三橋氏は、コロンブス専属のシューカラリスト。基本的な手入れだけではなく、靴をカスタマイズする手法をイベント等で広めている。様々なシューケア用品とともに、靴の楽しみ方も提供してくれるユニークな会社だ。

シューカラリスト　三橋弘明 氏

有名百貨店で高級紳士靴売り場を担当する傍ら、独学で靴磨きや仕上げを学ぶ。ブランドデザインなども経験し、2012年コロンブス入社

01.台東区にある本社ビル。2階に受付、ショールーム、商談スペースなどがある　02.ショールームに展示されたブートブラックシリーズ。高級紳士靴の手入れには欠かせない、靴好きのマストアイテムともなっている　03.同じく展示された歴代の商品。歴史の長さを感じさせる

株式会社コロンブス

東京都台東区寿4-16-7
Tel 0120-03-7830（商品、お手入れや皮革に関するご質問）
　　 0120-03-1321（販売店に関するご質問）

シューケアグッズカタログ

SHOE CARE GOODS CATALOG

靴のケア用品は、昔ながらのオーソドックスな道具から、忙しい現代社会人のための便利グッズまで、実に様々な種類がある。各メーカーより発売されているアイテムは、それぞれ特徴があるため、同じ用途のものでも使い心地や仕上がりのニュアンスが変わってくる。自分の手に馴染む道具を見付けたり、好みの色味のクリームやワックスを見付けたり、愛用の靴と相性の良い保革オイルを探したりと、自分にとってベストなケア用品を探す手間もまた、楽しいものである。

※本記事の価格表記はすべて税抜きです。

SHOE CARE GOODS CATALOG
シューケアグッズカタログ

R&D
アールアンドデー　　http://www.randd.co.jp/
問い合わせ：株式会社 R&D　Tel.03-3847-2255

プロ・ブラックブラシ　¥1,000
プロ・ホワイトブラシ　¥1,000
プロ・ホースブラシ　¥1,200

ツヤ出しやクリームのブラシ仕上げに最適な、天然風の化繊毛を使ったブラシ。毛先が細いホースヘアブラシは、ホコリ落としに最適

クリーニングスポンジ
サドルソープやスエードシャンプーとともに使用する、ソフトで泡立ちの良いセルロース（食物繊維）スポンジ
¥300

ツイストワイヤーブラシ
波型のワイヤーをナイロン毛で囲むことによって、スエードやヌバックを優しくブラッシングする効果を生み出す　¥1,500

プロ・ゴートブラシ
プロも使用する良質のブラシ。ゴートは非常に柔らかく、ポリッシュ仕上げやエキゾチックレザー、エナメルレザーのお手入れにも最適　¥3,000

クリーニングブラシ
サドルソープやスエードシャンプーと併用するブラシ。泡立ちがよく、コバや穴飾り、シワの中まで効果的にクリーニングできる　¥400

ENGLISH GUILD
イングリッシュギルド　　http://www.randd.co.jp/
問い合わせ：株式会社 R&D　Tel.03-3847-2255

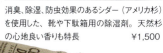

ビーズリッチクリーム
イギリスの伝統的なレシピを受け継いでいるイングリッシュギルドのクリーム。120ml入。全7色
50ml ¥2,000

Club Vintage Comfort
クラブビンテージコンフォート　　http://www.randd.co.jp/
問い合わせ：株式会社 R&D　Tel.03-3847-2255

シダードライ
消臭、除湿、防虫効果のあるシダー（アメリカ杉）を使用した、靴や下駄箱用の除湿剤。天然杉の心地良い香りも特長　¥1,500

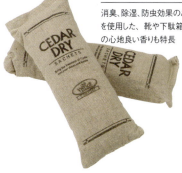

M. MOWBRAY
エム モゥブレィ
http://www.randd.co.jp/
問い合わせ：株式会社 R&D　Tel.03-3847-2255

シュークリーム ジャー
スムースレザーに栄養と潤い、柔軟性を与える乳化性クリーム。補色力の高さが魅力。全50色
50ml　¥900

レザーコンシーラー
31色のカラーバリエーションと、高い着色力を誇る、顔料入り補修用クリーム
15ml　¥1,100

ピュアミンクオイル
純度の高い天然ミンクオイルを贅沢に使用し、栄養、柔軟性、防水力を与える保革剤の定番
90ml　¥800

デリケートクリーム
靴のみならず、あらゆるスムースレザー製品に仕様できる、ゼリー状の栄養クリーム
60ml　¥1,000

アニリンカーフクリーム
ソフトで繊細なスムースレザー用の保革クリーム。透明感のあるツヤとベールを革に与える
60ml　¥1,000

クリームナチュラーレ
天然油分やロウを主成分とし、5年をかけて開発された高品質の保革栄養クリーム
80ml　¥2,000

トラディショナルワックス
蜜蝋を配合した、伝統的な靴用ワックス。初心者でも使いやすく、ナチュラルなツヤを出せる
全7色　¥1,500

ビーズエイジングオイル
香りの良い蜜蝋を配合し、オイルレザーやワークブーツにツヤと防水性を与えるクリーム
50ml　¥1,500

リッチ デリケートクリーム
天然成分にこだわった上質なクリーム。皮革に深く浸透し、潤い、柔軟性、張りを与える
50ml　¥1,500

サドルソープ
スムースレザー専用の石けん。雨ジミや滞留した汗（塩分）などを洗い流すことができる
125ml　¥900

ステインリムーバー
皮革表面の汚れや古いクリームなどを落とし、革が本来持つしなやかさを取り戻してくれるクリーナー
60ml　¥600
300ml　¥2,000
500ml　¥3,000

プロテクターアルファ
スムース、スエード、ヌバック、ムートン、ナイロン、キャンバスなど、様々な素材に使える防水スプレー
220ml　¥1,500
ラージ(300ml)　¥2,000

SHOE CARE GOODS CATALOG
シューケアグッズカタログ

ナッパケア
ヌメ、ラムなどのデリケートな革に対応した保湿・防水スプレー。浸透性が良く、柔軟性と自然なツヤを与えることができる
220ml ¥1,500

スエードクリーナー
頑固な油性の汚れや水ジミをきれいに落とせる、スプレータイプのスエード用クリーナー。ムートンにも使用可能
180ml ¥1,200

コンビトリートメント
異素材が併用されているコンビ靴にも、これ一本で対応できる栄養・防水スプレー。浸透性が良く、シミになりにくいのが特長
180ml ¥1,000

クリームエッセンシャル
汚れ落とし、栄養補給、ツヤ出しの効果を兼ね備えた、便利なローションタイプの保革クリーム
150ml ¥1,800

ラックパテント
エナメルレザーの表面に保護膜を張り、べたつきを防止し、耐久性とツヤを与えるクリーナー
100ml ¥1,000

ナチュラルフレッシュナー
除菌効果のある、ポンプ式スプレータイプの消臭剤。レモングラス、ラベンダー、ピンクグレープフルーツ、ナチュラルな森林の香り(微香性)の4種
100ml ¥2,000

ガムスペシャル
スムースレザー、スエード、ラバーソールなど様々な素材の汚れを落とす、消しゴムタイプのクリーナー
¥900

スエード&ヌバックイレイサー
ブラッシングで落としきれない頑固な汚れを部分的に落とす、ソフトなサンドゴムタイプのクリーナー
¥800

レザーストレッチミスト
皮革素材を柔らかくし、足への馴染みを良くする柔軟剤スプレー。買ったばかりの靴、痛くて履きづらい靴に便利
100ml ¥1,200

セントジョージセット

デリケートクリーム、アニリンクリーム、ステインリムーバー、ミニブラシ（白毛、黒毛）、竹ブラシ、クロスの入ったスターター向けセット
¥6,000

シューケア BOXセット

クリーム（2色）、ポリッシュ（3色）、ステインリムーバー、グローブクロスなど、全13品が特製木箱に入ったスタンダードなセット
¥15,000

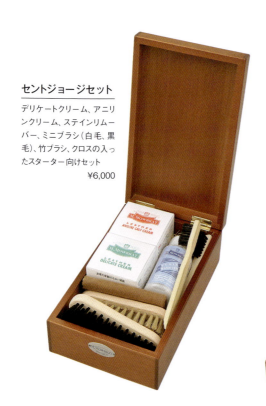

シューケア Rセット

クリーム（ブラック、ミディアムブラウン）、デリケートクリーム、ポリッシュなど全14品が、靴の固定台付き木箱に入った豪華なセット
¥20,000

Alden オールデン
http://www.lakotahouse.com/
問い合わせ：ラコタハウス青山店　Tel.03-5778-2010

シューツリー

殺菌力と湿気の吸収力に優れるレッドシダーを使用したシューツリー。XS、S、M、Lの4サイズを展開
¥7,400

ファイン ブーツ クリーム

オールデンのスムースレザー、コードバンに最適な保革クリーム。ナチュラル、ブラック、#8（ダークバーガンディ）の3色
¥2,400

ファイン ペースト ワックス

オールデンのスムースレザー、コードバンに最適なポリッシュ用ワックス。ブラック、#8（ダークバーガンディ）の2色
¥1,400

ポリッシング クロス

オールデン純正のシューポーチと同素材の、柔らかなコットンを使ったクロス
70×30mm　¥1,200

SHOE CARE GOODS CATALOG
シューケアグッズカタログ

レザー ディフェンダー
オールデンのカーフ、コードバンの靴に防水効果を与える撥水スプレー。手入れの仕上げに使用するのが効果的　¥3,000

ホース ヘア ブラシ
ホースヘアにピュアオイルを染み込ませた、柔らかなシューブラシ。コードバンにもおすすめ。ライト、ダークの2色を用意　¥6,500

シューホーン
靴の寿命を伸ばすためにも、脱ぎ履きの際に必ず使いたいのがシューホーン。オールデンのロゴが箔押しされた、純正品　¥1,000

KIWI
キィウイ
http://www.kiwicare.jp/
問い合わせ：ジョンソン株式会社　Tel.045-640-2111

油性靴クリーム
天然カルバナをはじめとする、各種高級ワックスを使用しており、ツヤとノビが好評。ブラック、ブラウン、ナチュラルの3色
45ml　オープン価格

エリート液体靴クリーム
塗るだけで輝く靴用ワックス。乳化剤配合なので、深みのある美しいツヤが出る。忙しい朝にも最適
75ml　オープン価格

リフレッシュスプレー
ダブル噴射ノズルなので、ワンプッシュでつま先からカカトまで靴の中全体を爽やかに。スプレーが使いづらいブーツにも最適
100ml　オープン価格

防水・防汚スプレー
雨や雪の汚れをはじくスプレー。革製品にも使えるので、新しい靴への使用も効果的
420ml　オープン価格

ツヤ出しスポンジ
スポンジを使ってひと拭きするだけで、手を汚さずに美しいツヤを出すことができる、インスタント靴みがき
オープン価格

LA CORDONNERIE ANGLAISE
コルドヌリ・アングレーズ
https://www.lebeau.jp/
問い合わせ：株式会社ルボウ　Tel.052-521-0028（代）

ビーワックスクリーム
蜜蝋を配合し、滑らかな仕上がりが得られる靴クリーム。重厚な光沢感が最大の特徴。全5色
100ml　¥2,000

EM/111S（左）
EM/596E（上）
アンクルブーツ用のバネ式シューツリー。596はトゥがスプリットタイプで、よりしっかりとフィットする
各 ¥16,000

EM/97CAH
厳選されたブナ材を使用した、スライド式サイズ調整のシューツリー。ソフトレザーを使用した靴や、マッケイ製法の靴に最適
¥12,500

FA/85S（左）　¥11,000
EM/500E（上）　¥10,500
サイズ調整をバネで行なうシューツリー。左の85はフレンチサイズで38〜45の8サイズ、右の500は38〜43までの6サイズを展開している

Collonil
コロニル
http://www.collonil.jp/
問い合わせ：コロニルジャパン　Tel.0120-654-674

ユニクリーム　¥1,200
シュークリーム　¥900
汚れや古いワックスを落とすためのクリーナーと、植物性天然ワックスを配合した全11色展開の靴クリーム
各50ml入

ウォーターストップカラーズ
スポンジアプリケーター付きで、手を汚さずに使える栄養・防水効果のあるクリーム。全10色
75ml　¥1,400

1909ワックスポリッシュ
厳選されたワックスを配合し、皮革に栄養とツヤを与える。鏡面仕上にも最適。カラーレス、タン、ダークブラウン、ブラック、バーガンディー
75ml　¥1,600

1909シュプリームクリームデラックス
浸透力の高いシーダーウッドオイルとラノリン等の天然オイルをブレンド。有機溶剤未使用のクリーム。全7色
100ml　¥2,800

SHOE CARE GOODS CATALOG
シューケアグッズカタログ

馬毛ブラシ
弾力と密度が高い馬毛製のブラシ。ホコリ落としから仕上げブラッシングまで幅広く使える。2色展開
¥1,500

1909ファインポリッシングブラシ
柔らかな山羊毛製のブラシ。靴磨きの仕上げとして使えば、美しい光沢を出すことができる
¥2,800

1909 アプリケーションブラシ
メダリオンやコバの隙間など細かい部分にも、ムラなくクリームが塗れる小型ブラシ。2色展開なので、使い分けもできる
¥900

スウェードクリーナー（左） ¥1,200
ヌバックボックス（右） ¥1,000
起毛皮革用の固形タイプクリーナー。汚れた部分を軽く擦れば、頑固な汚れも落とせる。ヌバックボックスは、生ゴムとスポンジの両面仕様

1909シュプリーム ワックススプレー
スムースレザー用の防水スプレー。ビーワックス配合で、ツヤのある皮革に特におすすめ　200ml ¥2,000

1909シュプリーム プロテクトスプレー
防水・防汚しながら栄養を与えるスプレー。スムースレザー、起毛皮革に使用可能
200ml ¥2,000

ソールトニック
革底にフッ化炭素樹脂を浸透させ、防水効果とヒビ割れ予防効果を与えるローション。スポンジ付きなので、手を汚さずに簡単に塗れる
75ml ¥1,200

ウォーターストップ
皮革の呼吸を妨げずに、防水・防汚効果を与える。様々な素材に使用可能
100ml ¥1,000
200ml ¥1,500
400ml ¥2,200

1909 レザーローション
ローションタイプで浸透力が高いので、クリームだけでは補えない潤いと柔軟性を皮革に与えることができる　100ml ¥2,000

アロマティックシーダーシュートゥリー
防虫・防臭効果のあるアロマティックシーダー製。様々な靴幅に対応可能なセンタースプリットタイプ
¥4,200

ポリッシングクロス
靴の仕上げ磨きに最適な、繊維が細かく柔らかなコットン素材を使用。洗濯することもできる
¥400

ヌバック＋ベロアスプレー
栄養効果のある、起毛皮革用防水スプレー。色付きタイプは、補色効果もある。全4色　200ml ¥1,500

ライニガー
靴表面に付着したグリースや余分な光沢剤、カビなどを取り除くクリーナー
200ml ¥1,500

COLUMBUS
コロンブス　http://www.columbus.co.jp/
問い合わせ：株式会社コロンブス　Tel.0120-03-7830

CB2061
シュートリー

ブナ材を使用した、スプリングタイプのシュートリー
¥7,000

HGレッドシダー
シュートリー ネジ式

防虫・防臭・防菌効果のあるレッドシダーを使用したネジ式のシュートリー　¥6,500

ウッドキーパー

スプリングタイプの木製シューキーパー
男性用　¥3,300
女性用　¥2,800

レッドシダー
シュートリー

消臭効果のあるレッドシダーを使用したシュートリー
¥5,000

コロンブスシュートリー

吸湿性に優れたブナ材を使用した、ドイツ製のシュートリー
¥5,000

CB
ダブルシューストレッチャー

靴を内側から伸ばすことでサイズを微調整することができる伸張器　¥7,000

アメダス

フッ素樹脂でコーティングし、汚れの付着やシミを防ぐことができる防水保護スプレーの定番品
60ml　¥600
180ml　¥1,500
420ml　¥2,000

オドクリーン
プラチナミスト

サトウキビエキスとプラチナノ粒子配合で、靴を効果的に消臭。オリエンタルスパイシー、リッチラベンダー、サンシャインシトラスの3種
100ml　¥1,200

カビ用ミスト

カビの膜構造を破壊し、カビ取り、カビ防止の効果を発揮する革用ミスト
100ml　¥1,200

SHOE CARE GOODS CATALOG
シューケアグッズカタログ

ジャーマンブラシ1
ドイツ製の高品質な馬毛を使用した靴用ブラシ。205×64mm
¥3,000

抗菌キーパー
抗菌剤配合、スプリングタイプのプラ製シューキーパー
男性用 ¥1,200
女性用 ¥1,200

ジャーマンブラシ2
ドイツ製の馬毛を使用した靴用ブラシ。148×48mm
¥1,500

ジャーマンブラシ3/4
ドイツ製馬毛を使用した、持ち手の付いた靴用ブラシ。ホワイトの3、ブラックの4の2種
¥600

デリケートレザープロテクター
特殊加工した撥水剤を配合し、皮革に防水効果を与えながら栄養を補給する
180ml ¥1,200

ジャーマンブラシ5/6
ドイツ製の豚毛を使用した靴用ブラシ。本体サイズ135×40mm
各 ¥800

ビジネスウォーカー コンパクトシューシャイン
ビジネスマンを足元から応援する、携帯に便利なコンパクトタイプの靴磨き用スポンジ
¥450

ジャーマンブラシ7/8
クリームを塗る際に便利なブラシ。ドイツ製馬毛を使用した7(上)、ドイツ製豚毛を使用した8(下)の2種
7 ¥500 / 8 ¥400

磨きクロス
靴用のクリームを塗ったり、磨き込む作業に最適な、柔らかな綿製クロス
2枚入り ¥500

HGグローブシャイン1500
セーム革を使用した、グローブ式の高級靴磨きクロス
¥1,500

レザリアンスペシャルガム
スムースレザーと起毛革に使える、消しゴムタイプの部分的汚れ落とし。粉ヤスリのグレー部分は油汚れにも効果的
¥300

スエードブラシB

スエードなどの起毛革の汚れを落としながら、毛並みを整えることができるブラシ。ポリプロピレンとゴムの2タイプのブラシのセット

¥500

スエードブラシC

スエードの汚れを落としながら、毛並みを整えるブラシ。素材・形状の異なる4タイプのブラシがセットに

¥500

ブラシ

毛足を傷めにくいスポンジタイプの起毛革用ブラシ　¥500

スエード ラブラブクリーナー

天然ゴム100%の、スエード用汚れ落としの定番品

¥300

ハリスブラシ 479

スエードなどの起毛革に使える、ワイヤータイプのブラシ。毛足を整えながら汚れを落とす　¥800

シュードライ

靴の中に入れることで、効果的に湿気を除去できる乾燥・脱臭剤

シュードライ　¥1,100
シュードライミニ　¥600

フットソリューション サイズフィッター インソール

大きめの靴をフィットさせ、中で足が動いてしまったり、疲れやすい等の悩みを解決

男性用　¥1,200
女性用　¥1,000

ブリオ レザーコンディショニング クリーム

べたつきにくい、プルプルとしたジェル状のケアクリーム。シトラスグリーンの心地よい香り　90g　¥1,800

ナイトリキッド

塗るだけで簡単に靴が磨ける、ハンドタイプの液体靴クリーム。起毛革専用、エナメル専用も。全9色

65cc　¥800

ヌバック・スエード 栄養ミスト

起毛革に栄養を与え、色調を鮮明に保つミスト。無色なので、どんな色にも使用できる

100ml　¥1,200

ヌバック・スエード 補色ミスト

色あせした起毛革の色を補い、色彩を鮮明に保つ補色剤。保革効果もあり、全12色を揃える

22ml　¥1,000

SHOE CARE GOODS CATALOG
シューケアグッズカタログ

シューレース タイト リキッド
ビジネスシューズ専用の、結び目をほどけにくくする点眼タイプのリキッド
35ml ¥800

セフティソール
スリップ防止に役立つゴム製ソール。ステッカータイプなので、簡単に貼り付けることができる
男性用（カカト付） ¥1,200
女性用 ¥800

ビジネスウォーカーインソール
ビジネスシューズ用のカップ型インソール。クッション性に優れた素材が足を固定し、疲れを和らげる
¥1,000

ビジネスウォーカーインソール フラットワイド
ワイドサイズの靴に対応した、フラットタイプのインソール。活性炭と松葉エッセンスがいやなニオイもカットする ¥500

フットソリューション マイフィット インソール
トゥ、アーチ、ヒールの3ゾーンに最適なクッション材を使用し、心地よさと安定感を与える
男性用 ¥1,200
女性用 ¥1,000

牛革インソール
栃木レザーを使用した、履き心地が良く吸湿性に優れた革製インソール
¥1,500

レザークリスタル100
皮革によく馴染み、潤いを与えるジョジョバワックスに高精製ウールグリース、ミネラルオイルなどを配合した、最高級潤性クリーム 100g ¥2,000

ラバープレート大
ヒールの擦り減った部分に貼り付ける補修キット
4コ入り ¥350

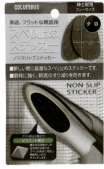

ノンスリップステッカー
革底に貼り付ける、ステッカータイプの滑り止め。クロ、ベージュの2色をラインナップ
男性用 ¥700
女性用 ¥500
女性用ラージ ¥700

合成コバインキ
合成底シューズのコバやヒールを補色する際に使用するインキ。クロ、コイチャ、チャの3色をラインナップ
70cc ¥800

レザーソープ
靴やカバンについた汚れを泡で落とす、皮革用石鹸。ホホバオイル配合で、皮革を傷めにくい
50g ¥800

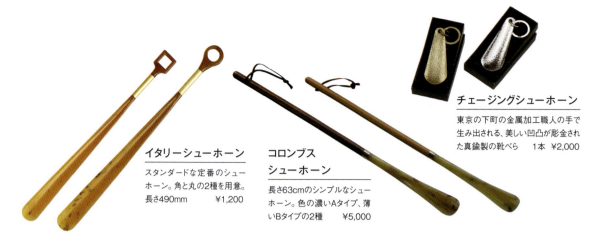

イタリーシューホーン
スタンダードな定番のシューホーン。角と丸の2種を用意。
長さ490mm　￥1,200

コロンブスシューホーン
長さ63cmのシンプルなシューホーン。色の濃いAタイプ、薄いBタイプの2種　￥5,000

チェージングシューホーン
東京の下町の金属加工職人の手で生み出される、美しい凹凸が彫金された真鍮製の靴べら　1本　￥2,000

ジャーマンシューホーン
ドイツ製の高級シューホーン。色の薄いA（57cm）とブラックのC（58cm）
￥2,500

プレミアムメタルシューホーン
東京の下町の職人が真鍮を丹念に磨き上げ、メッキ加工を施した鏡面仕上げ
1個　￥4,000

メタルシューホーンC
持ち手にイタリアンナチュラルレザー「ブッテーロ」を使用した、携帯用の折りたたみ式シューホーン
1本　￥2,000

レザーシューホーンA〜D
本革製のコンパクトなシューホーン。Dはブッテーロを使用。ギフトにも最適
￥3,000〜5,000

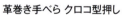

革巻きシューホーンS
本革を巻いた高級感のあるシューホーン。長さは約28cm　￥4,000

革巻き手べら　クロコ型押し
クロコの型押し国産牛革を使用した、ポケットに入れて持ち運べるおしゃれな手べら　1個　￥1,300

SHOE CARE GOODS CATALOG
シューケアグッズカタログ

革巻きシューホーン クロコ型押し

クロコ型押し柄の国産牛革で装飾したシューホーン。玄関のインテリアとしても使える高級感のある仕上がり
1本 ¥8,000

紗乃織靴紐
さのはたくつひも
http://www.randd.co.jp/
問い合わせ：株式会社R&D Tel.03-3847-2255

Sarto Recamier
サルトレカミエ
http://www.randd.co.jp/
問い合わせ：株式会社R&D Tel.03-3847-2255

紗乃織靴紐

職人が1本ずつ手仕事で仕上げた高級靴紐。丁寧に蝋付けされているので、耐久性があり、結び目もほどけにくい。各仕様に黒、茶があり、長さは60、70、80、90、100、120の6種

編紐蝋丸 ¥1,000
組紐蝋平 ¥1,200
革紐縫掛 ¥2,500

サルトレカミエ シュートリー

素材にこだわった、高品質なシューツリー。英国靴向けのスタンダードな100の他、イタリア靴向けの200、ネジで調整できる300のシリーズがある。素材はそれぞれブナ(EX)、シダー(CR)、バーチ(BH)を用意
¥6,500～8,500

SAPHIR
サフィール
https://www.lebeau.jp/
問い合わせ：株式会社ルボウ Tel.052-521-0028（代）

ビーズワックスポリッシュ

ビーズワックスをベースに、高級カルバナワックスを配合。上質な光沢が特徴。全9色 ¥700

ビーズワックスファインクリーム

アーモンドオイル配合のビーズワックスベースのクリーム。全82色、うち6色はメタリックカラー
¥900

スエード&ヌバックスプレー

起毛皮革の毛並みを美しく保つ、アーモンドオイル配合のスプレー。全17色
¥1,800

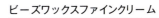

ビーズワックスデラックスクリーム

配合されたフッ素炭素により、撥水効果も得られる。全11色がラインナップする ¥1,200

スエード&ヌバック ラバークリーナー
ブラッシングだけで落としきれない、毛足にこびり付いた汚れを落とす、消しゴムタイプのクリーナー
¥1,200

ユニバーサル レザーローション
スムースレザー全般に活用できる、ビーズワックスベースのローション
¥1,500

オムニローション
起毛皮革に染み込んだ、汚れやシミを落とすためのローション。付属のブラシで泡だてながらブラシングする
¥1,500

グランドホースヘアブラシ
ホコリ落としや仕上げに最適な、馬毛100%のブラシ。わずかなラウンド形状がブラッシングを助ける
¥3,000

ポリッシャーホースヘアブラシ
最終仕上げに適した、馬毛100%の高品質なブラシ。白と黒の2色があるので、使い分けにも便利
各 ¥1,500

アプライブラシ
靴クリームを塗る作業に最適な、豚毛100%のミニブラシ。靴の細かい部分まで隈なく塗れる
¥700

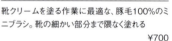

ブリストルブラシ
豚毛100%のコンパクトなブラシ。ハンドルが付いているため、細かい作業にも使いやすい。白と黒
各 ¥1,000

スエードブラシ
起毛皮革の汚れを落としつつ、毛並みを整えることができる、真鍮+ナイロン毛を備えたブラシ
¥1,200

クレープブラシ
スエードやヌバックといった起毛皮革の汚れを、傷付けずに取り除くための、生ゴム製ブラシ
¥1,800

ヴァーニスライフ エナメルローション
エナメル特有の美しい光沢を保つローション。専用クロス付属。ブラック、ニュートラルの2色
¥1,500

サドルソープ
皮革製品の洗浄に特化して作られた石鹸。汚れ、シミ、塩吹きを落とし、栄養と柔軟性を与える
¥1,200

SHOE CARE GOODS CATALOG
シューケアグッズカタログ

レプタイルクリーム
ヘビ、ワニ、トカゲ、サメ、エイといったエキゾチックレザー全般に使用できる栄養クリーム。クロス付属
¥2,000

レノベイタークリーム
ボックスカーフなどの上質な皮革用の栄養クリーム。保護膜を形成し、自然なツヤが出る
¥1,000

デリケートクリーム
アニリンカーフやシープスキンなど、柔らかく繊細な革の風合いを守りながら栄養を与えるクリーム
¥1,000

ゲルクリスタル
パール仕上げやメタリック仕上げの革、及び編み込み革の保革に特化したジェル状クリーム
¥1,200

レノベイティング カラー補修チューブ
スムースレザー全般に対応する着色補修クリーム。キズをカバーして自然な仕上がりになる。全47色
¥1,200

ダビンオイル HP
サーモンオイルを含んだ動物性油脂を主成分とする、保革・栄養・柔軟クリーム。黒と無色の2種
¥1,200

ホワイトニング クリーム
白い革やキャンバス生地に付いた、擦り傷や黄ばみを着色して目立たなくするクリーム
¥1,000

レノマット リムーバー
スムースレザーに付着した、汚れやシミを強力に落とすクリーナー。油分、塩分、汗シミなどもきれいに落とせる
¥1,500

カラーストップ スプレー
革靴の内側にスプレーし、ソックスへの色移りを防ぐ。染色された革製の裏地を使っている場合に効果的
¥1,800

コンビスプレー

アーモンドオイルをベースにし、エナメル、起毛皮革、スムース、マイクロファイバー、テキスタイルなど様々なコンビ素材に栄養と防水効果を与えるスプレー

¥1,800

ナノプロテクター

スプレーした面にロータス効果を生み、強力撥水する。ブーツ、アウトドア、スポーツウェアなど幅広く活躍

¥2,200

シューイーズ ストレッチスプレー

欧州で評判の、フォームタイプの革伸ばしスプレー。革を柔らかくし、固く痛みを感じる部分をピンポイントで伸張できる

50ml ¥1,200
150ml ¥2,200

SAPHIR NOIR
サフィール ノワール　　https://www.lebeau.jp/
問い合わせ：株式会社ルボウ　Tel.052-521-0028（代）

レノベイタークリーム

ビーズワックスとミンクオイルをベースに配合された、ボックスカーフなど上質な革に最適なクリーム

¥2,200

スペシャルナッパ デリケートクリーム

ワックス成分や有機溶剤を一切使用していない、デリケートレザー専用クリーム。シミやベタつきがない

¥2,200

クレム 1925

高級ビーズワックスとカルナバワックス、植物性のシアバターなど、数種類の成分をブレンドした高品質クリーム。全13色を揃える

¥2,000

ビーズワックス デラックスクリーム

ビーズワックスがベースの、高い保革性と補色効果を備えたクリーム。フッ素炭素を配合しているので、撥水効果も高い。スポンジアプリケーター付きで使用も簡単。全8色　¥1,500

ビーズワックスポリッシュ

ビーズワックスをベースに、高級カルナバワックスを配合した高品質ポリッシュ。50ml入り（写真下）は全9色、100ml入り（写真上）は全13色展開

50ml ¥1,000 / 100ml ¥1,800

SHOE CARE GOODS CATALOG
シューケアグッズカタログ

ダビン ミンクオイル
皮革に深く浸透し、栄養と柔軟性、防水性を与える固形オイル。適度な硬さなので、使い勝手も良い
¥1,700

レザーバームローション
スムースレザー全般に適した、ビーズワックスのローション。保革性能を高めるミンクオイルも配合
¥1,800

オムニローション
起毛皮革の汚れを強力に落とすクリーナー。付属ブラシで泡立てながらブラッシングして使用する
¥2,000

ウォータープルーフスプレー
通気性を阻害せず、高い防水効果が得られる。水分、油分、泥やホコリの侵入をも防止する効果がある
¥2,500

スペシャル スエード&ヌバックスプレー
起毛皮革に栄養を補給し、柔軟性を与えて美しい毛並みを保つスプレー。全5色がラインナップ
¥2,500

スーパー スエード&ヌバック ラバークリーナー
毛足の奥に入り込み、ブラッシングでは落ちない頑固な汚れを落とす、消しゴムタイプのクリーナー
¥1,500

ミニブラシ
コバの隙間に入り込んだ汚れを落としたり、クリームを塗る作業に便利な豚毛100%のハンドル付きブラシ
¥800

アプライブラシ
同ブランドのクリーム「クレム 1925」と相性の良いブラシ。手を汚さず、靴の隅々まで塗布できる
¥1,200

ブリストルハンドルブラシ
ハンドル付きの豚毛100%ブラシ。汚れ落としからクリーム塗布、仕上げまで、あらゆる用途に便利
¥2,200

ブリストルポリッシャーブラシ
仕上げのブラッシングに最適な、持ちやすい手の平サイズのブラシ。白黒2色がラインナップ
¥2,800

ソールガード
セサミシードオイルやアボカドオイルなどの天然油分で本革底に栄養を与え、水の浸透や劣化から守る、アウトソール用のケアオイル
¥2,500

ポリッシュクロス
コットン100%の柔らかなクロス。汚れ落とし、クリームの塗布、仕上げ磨きまで、幅広く使える
¥1,000

Tapir
タピール

問い合わせ：タピールヴァックスヴァーレンジャパン　Tel.03-3952-2414

http://tapir.jp/

レーダーフェット
過酷に使われ、特に防水が必要な革製品、乾いてヒビ割れた表面などのケアに最適なクリーム
85ml ¥1,400

レーダーフリーゲクリーム
ツヤ出し、保護効果の高いクリームタイプのワックス。防水効果もあり。日頃のお手入れに最適
全5色 75ml 各¥1,600

レーダーバルサム
革に栄養を与えながらケアする柔らかめの油性ワックス。塗った後で手でマッサージすると効果的。全4色
85ml ¥1,500

①皮革用防水スプレー
クリームが使えない起毛素材などの保護・防水に使用できるスプレータイプ
50ml ¥2,400

②レーダーフレーゲ
ツヤ出しワックスと深く浸透するオイルを配合した乳液。あらゆる革に使用可能
100ml ¥2,400

③レザーソールオイル
革底の耐久性を高める専用オイル。新品の靴、日常のケアに活躍する
100ml ¥2,600

④レーダーオイル
皮革製品の汚れを落としながら油分を補給し、しなやかに保つオイル
200ml ¥2,400

レーダーサイフェ
泡立てて拭き取る革製品用の石けん。ブラシやクリームでも落ちない頑固な汚れに有効
200ml ¥2,600

つや出しブラシ(2色)
ブナ材と馬毛から作られた、靴のブラッシングに最適なサイズのスタンダードなブラシ
各¥3,000

ミニブラシ(2色)
手の平に収まるコンパクトサイズのブラシ
各¥900

スチールブラシ
起毛素材の手入れに使うワイヤーブラシ
¥800

汚れ落としブラシ(2色)
汚れ落としだけではなく、クリームの塗布などにも活用できるハンドル付きの馬毛ブラシ
各¥1,200

コットンネル
ふっくら柔らかなフランネル生地のクロス。繊細な革の表面にも最適
¥550

くつべら
オイルフィニッシュなので、使うほどにツヤが増していくくつべら
¥1,200 / ロングタイプ ¥4,200

SHOE CARE GOODS CATALOG
シューケアグッズカタログ

nico
ニコー
http://www.collonil.jp/
問い合わせ：コロニルジャパン　Tel.0120-654-674

エルゴリーノ
手の平サイズで携帯しやすい、カラフルなシューホーン
全5色　¥360

①**コンフォートシューホーン**　¥1,000
②**ウッドノブ**　¥2,400
③**ツイスト**　¥2,400
④**ホースヘッド**　¥8,200

腰をかがませずに使える、ロングタイプのシューホーン。ヘラ先には生分解性プラスチックを使用

折りたたみシルバー
折りたたみ式でコンパクトになるので、携帯にも便利なメタル製シューホーン　¥600

Bama
バーマ
http://www.columbus.co.jp/
問い合わせ：株式会社コロンブス　Tel.0120-03-7830

① ②

①**プリマエクストラ**
フットベッド構造を持ったフィッティングパーツ。縦アーチ、横アーチをサポートする　¥3,500

②**ゴートインソール**
特殊加工を施して丈夫に仕上げた山羊革を表面に使用。滑り止めや消臭効果もある　¥1,800

① ②

①**デオアクティブ**
空気の循環性に優れた活性炭を入れ、表面にメッシュクロスを使ったクッションインソール　¥1,500

②**デオアクティブエクストラ**
足裏にフィットするフットベッド構造が、歩行時の足を固定し安定感を与える。衝撃吸収力も高い　¥3,000

ゴートハーフインソール
山羊革を特殊加工した、肌触りが良く、吸湿性に優れた前半部のインソール　¥1,200

ミニストップ
サイズ大きめの靴に入れ、脱げや足ズレを防止するパッド。表面はソフトな起毛革　¥500

クラシックゴート
衝撃吸収性に優れたフォームラバーが、歩行時のかかとへの衝撃を和らげる　¥1,300

FAMACO
ファマコ

http://www.randd.co.jp/
問い合わせ：株式会社 R&D　Tel.03-3847-2255

スエード
カラーダイムリキッド
起毛革の毛足の深部まで
しっかりと液体を届かせる、
スポンジ付きリキッドタイプ
全10色　75ml　￥1,000

シルキー
レザークリーム
フランスの老舗ブランド、
ファマコ製の靴クリーム。
チューブタイプなので使い
やすく、防水性も高い
全8色　75ml　￥1,000

Boot Black
ブートブラック

http://www.columbus.co.jp/
問い合わせ：株式会社コロンブス　Tel.0120-03-7830

シュークリーム
着色力をアップさせ、光沢効果に優れたワックスを
配合した、ビン入り乳化性クリーム
全38色　55g　￥1,000

コードバン革用クリーム
油脂成分が多めの配合で、コードバンに栄養を与
え、深い光沢を保持する専用クリーム
全6色　55g　￥1,200

クロコダイル革用クリーム
シリコーンオイルと天然ワックスを主成分にし、クロ
コダイル革本来のツヤ、滑らかさを保つ
60g　￥3,000

デリケート革用クリーム
ヌメ革など、シミなどになりやすいデ
リケートな革にも使えるクリーム
55g　￥1,000

コレクションズ
シュークリーム
水性染料と水性ナノ顔料を配合
し、保革効果とともに、エイジングし
たような色調を与えることができる
全6色　85g　￥2,000

パテントレザー
エナメル革の光沢を引き立
て、保革効果をもたらす専
用のクリーム
60g　￥1,200

チューブ入り
シュークリーム
塗りやすい塗布器付きで、
スタンダードなチューブ入
り。光沢効果の高いワック
スを配合
全4色　50g　￥1,000

SHOE CARE GOODS CATALOG
シューケアグッズカタログ

レザーソールコンディショナー
ホホバ油とミネラルオイルの配合により、雨などで硬くなりがちな革底に潤いと柔軟性を与える
100ml ¥1,500

ツーフェイスプラスローション
油性汚れを落とす上層と、水性汚れを落とす下層に分かれた、2層タイプのクリーナー
100ml ¥1,200 / 300ml ¥2,500

レザーローション
レザーローション マイルド
革の汚れを効果的に落とすクリーナー。透明タイプなので落ち具合がチェックしやすい
100ml ¥1,500 / 300ml ¥3,000
マイルドタイプ 100ml ¥1,500

シューポリッシュ
ツヤ出し効果、撥水効果に優れた、スムースレザー用の缶入り油性クリーム
全10色 50g ¥1,000

ハイシャイン ベース
ハイシャイン仕上げを効果的に行なうための下地を作る、ツヤ革用の油性ベースクリーム
50g ¥1,000

ハイシャイン コート
ハイシャインベースで作った下地の上に使い、上質なツヤ仕上げを行なう乳化性クリーム
全3色 50g ¥1,200

ハイシャインクリーナー
古くなったハイシャインの塗膜を効果的に落とす、専用のクリーナー
45g ¥1,200

ポリッシュウォーター
ハイシャインコートとバランス良く混ぜ合わせて付く合うことで、ワックス塗膜を平滑にしツヤ出し効果を高める、ハイシャイン専用の水
100ml ¥1,000

スエードクリーナー
スエード、ヌバック、ベロアの表面に付いた汚れを取り、色調を鮮やかにする、起毛革専用のスプレータイプクリーナー
180ml ¥1,500

ウォータープルーフ
皮革表面にフッ素樹脂コーティングを施し防水効果を与えることで、雨、油、汚れから保護するスプレー
180ml ¥1,600

スエードスプレー
起毛革の細い繊維に浸透し、通気性を損なわずに防水性としなやかさを与え、色彩も鮮やかにするスプレー
全3色 180ml ¥1,500

ミンクオイル
保革・栄養効果に優れたミンクオイルを配合した、オイル仕上げの革用クリーム
50g ¥1,000

エッヂカラー
革底靴のコバの毛羽立ちを抑えながら、補色効果で傷を目立たなくする液体塗料。塗布器付き
全3色　70ml　¥800

エッヂクレヨン
エッヂカラー同様、コバの補色や傷補修に使う、固形タイプの補修材。塗る際にはみ出しにくい
全2色　10g　¥800

リペアクリーム
着色性に優れ、靴に付いた傷をカバーするクリーム。密着性、耐久性も高く、色落ちしにくい
全10色　20g　¥500

アーティストパレット
水を含まないソフトな油性クリーム。天然ワックスを中心に保革効果の高いアルガンオイルを配合
全20色　35g　¥2,000

シューブラシ（豚毛）
江戸時代から続く江戸刷毛の専門店「江戸屋」が製造する、適度なコシを持つ豚毛製ブラシ
黒・白　各¥6,000

シューブラシ（馬毛）
江戸時代から続く専門店「江戸屋」が製造する靴用ブラシ。柔らかく細かい毛質の馬毛製　¥7,000

ポリッシュクロス
靴磨きに最適な、目の細かい綿製のクロス。クリームの塗布や仕上げ磨きに　3枚入り　¥1,200

クリーニングバー
生ゴムから作られた、消しゴムタイプのクリーナー。頑固な汚れを部分的に落とすことができる
¥800

シュートリー
ツーチューブ型の、スプリングタイプシュートリー。ヨーロッパ風のスタイリッシュな靴に最適
¥20,000

ブラックベルベットセット
シュークリームとシューポリッシュ（各ブラックとニュートラル）、デリケートクリーム、ツーフェイスプラスローション等々、ひと通りの品が美しい木箱に詰められた豪華なセット
¥20,000

pedag
ペダック
http://www.collonil.jp/
問い合わせ：コロニルジャパン　Tel.0120-654-674

シューデオ
靴の内部を清潔に保つ、消臭スプレー。香りの残らない無香料タイプ　¥900

シューレース細・ロウ引き
スタンダードな丸細（写真右の5色）と、ロウ引きタイプのシューレース（写真左の2色）。長さは60、75、90、120が揃う（一部色なし）
¥300〜450

ヒールインソール
軟質パッドがカカトやくるぶしの衝撃を和らげる「パーフェクト（写真左）」と、靴の片減りを防止する「コレクト（写真右）」。どちらも本革
各　¥1,200

レザーグローブ
羊革（ヌメ）と羊毛を使用した、高級なグローブ。静電気が起こりにくく、ホコリ取りやツヤ仕上げに最適
¥2,700

ビバ（左）	¥3,500
ビバ サマー（中）	¥2,000
シエスタ ブラック（右）	¥2,100

アーチサポートと牛ヌメ革の吸湿性が優れた「ビバ」。銀イオンで汗を吸った靴も清潔に保つ「ビバ サマー」。ソフトラテックスフォームが足を支え、衝撃を吸収しながら消臭効果もある「シエスタ ブラック」

ロイヤル
タンニンなめしの羊革を使った、履き心地抜群のインソール。裏面は活性炭配合のラテックスフォームで、クッション性と脱臭効果がある　¥1,400

MARKEN
マーケン
http://www.collonil.jp/
問い合わせ：コロニルジャパン　Tel.0120-654-674

ディプロマットシュートゥリー
ディプロマット ヨーロピアンシュートゥリー
防虫・防臭効果のあるアロマティックシーダー製。やや幅広の靴に最適なノーマルタイプと、細身の靴に最適なヨーロピアンシュートゥリーがある　各　¥5,800

MUSTANG PASTE
マスタングペースト
http://www.captstyle.com/
問い合わせ：キャプトスタイル　Tel.096-326-5301

マスタングペースト
純度100%のホースオイルを使ったレトロな保革油。浸透性が良く、革の劣化を防止する有効成分を内部の隅々まで供給する
100ml　¥2,300

マスタング P・ウォーター
通常のマスタングペーストの倍以上のスピードで、仕上げの拭き上げが不要なほどよく浸透するリキッドタイプ。蜜蝋が固まることによる白い跡を残さずに塗れる
35ml　¥2,000

紳士靴のリペアとカスタム

REPAIR AND CUSTOM FOR MEN'S SHOES

紳士靴の真価は、リペアやカスタムをすることで発揮される。劣化したら終わりではなく、傷んだパーツを取り替えたり、弱った部分を補強したり、あるいは色や仕上げを変えてカスタムを施したりと、何度も新しい靴に生まれ変わることができる。

協力=ユニオンワークス

CONTENTS

リペアのタイミングを見極める	P.145
紳士靴のリペアメニュー	P.146
ソールパーツカタログ	P.148
紳士靴のカスタムメニュー	P.154
オールソール交換の全容	P.157

※当記事に掲載しているリペアやカスタムの内容・手法・呼称などは、ユニオンワークスのサービスを元にしています。

❦ The Timing Of Repair
リペアのタイミングを見極める

傷みやすいポイントをチェックし、適切なリペアを施す

紳士靴の特徴のひとつに、パーツが傷んでも交換や補修などのリペアを施すことで、また元通りの機能を取り戻せることがある。新品同様の美しさを復活させられるどころか、より自分の好みや目的に合ったデザインにカスタムすることで、さらに愛着が湧き、大切な存在になるだろう。

そのため、靴の傷みやすい箇所を知り、状態が悪くなってきたらプロの手によるリペアを実行することが大切。以下のチェックポイントを踏まえて、自分の靴を見てみよう。

傷みのチェックポイント

① トゥの周り

歩行時にぶつかったりしてダメージを受けるため、傷が付きやすい。手入れでは消せない傷も、プロの手にかかれば消せる確率は高い。また、ソール側も削れやすいため、ひどい場合は剥がれ、穴あきなどが見られる。ウェルトまでダメージが及ぶ前に、ソール交換の処置を施すのが基本。

② ソールとヒール

歩行の衝撃を常に受ける部分なので、次第に摩耗する。穴があくと中物を通してインソールまで水が侵入することもあるので、そうなる前の交換が望ましい。ヒールは、オールソール交換ではリフトごと替えるが、ダメージがトップピースのみならば、それのみの小規模な交換もできる。

③ ライニング

足と直接触れているので、カウンター、ボールガース、小指、親指など出っ張った部分に、擦れによる破れが見られる。特に、サイズが合っていない場合は靴内で足が動いて、擦れやすい。部分的な補修ができるので、破れがひどい場合は修理を施す。

✦ Various Repair Menu
紳士靴のリペアメニュー

ソールからアッパーまで、リペアできることが紳士靴の強み

　紳士靴のリペアと言えば、オールソール交換が王道。ソールが消耗パーツという認識はもはや一般的なので、グッドイヤーウェルテッド製法の靴が人気を集めるのも、ソール交換に適しているという理由が大きい。

　しかし、ソール以外にもアッパーやライニング、またはサイズなども、程度によってはリペア対象になる。サイズ違いや激しい靴ずれであきらめていた靴も、一度プロによる調整を行なえば、見違えるように履きやすくなるかもしれない。

［ オールソール交換 ］

ヒールも含め、ソール全面を丸ごと交換するリペア。歩いているときは見えにくい部分とは言え、まるで靴が蘇ったような爽快な変化が見られる。ウエルトから上、アッパーまでダメージが及ぶ前に交換するのがセオリーだが、繰り返しソール交換をして傷んできたウェルトごと交換（リウェルト）も、靴の状況によっては可能だ。また、オールソールの際は、靴の性格に合わせて様々なオプションも試してみたくなる。

◆ ヒドゥンチャネル仕上げ

アウトソールに切り込んだ溝に出し縫いを隠し、すっきりとした見た目に仕上げるのがヒドゥンチャネル。写真右は通常のオープンチャネル。糸が擦り切れにくくなるというメリットはあるが、さほど靴の機能には影響しないので、単純な見た目の好みで選んでも良いだろう

◆ ダブルソール

写真上はミッドソールを挟んだダブルソール仕立て、写真下はソール前面のみダブルになった「スペードソール（ユニオンワークスでの呼び名）」。厚く丈夫で、ワイルドなイメージになるので、カジュアルユースのブーツなどに向いている

REPAIR AND CUSTOM FOR MEN'S SHOES
紳士靴のリペアとカスタム

◆ 半カラス仕上げ

ウエストのみ、あるいはウエストとヒールを黒やダークブラウンに染め、底をツートーンに仕上げるのが半カラス仕上げ。ウエストが引き締まり、スタイリッシュなルックスになる。好みで選んで問題ないが、ユニオンワークスでは基本的にオリジナルの仕上げを再現している

◆ ラバーソール

耐摩耗性、耐水性、グリップ、雨の日の使用などを考えると、実用的で長持ちするラバーソールが選択肢に挙がる。カジュアルな印象のものから、ドレッシーなイメージを崩さないものまで、様々なタイプがある。革底よりも、比較的返りが悪くなる

◆ トゥチップ

ソールの中でも特にダメージを受けやすいつま先部分を、革やラバーまたは金属にて補修・補強するリペア。基本的にはリペアという位置付けではあるが、新品のソールに半月型で金属パーツ「ヴィンテージスティール」を取り付け、あらかじめ補強しておくのもおすすめ。

革やラバー素材のトゥチップは、金属よりも耐久性は少し落ちるものの、安価でナチュラルな仕上がりになるのが特徴。ヴィンテージスティールのカチカチという音が苦手な人にも、こちらはおすすめできる

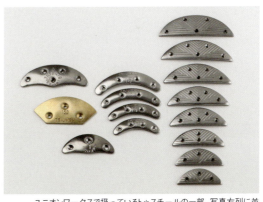

ユニオンワークスで扱っているトゥスチールの一部。写真右列に並んだ半月形のタイプが「ヴィンテージスティール」と呼ばれる。左列と中央列はドイツ製の「トライアンフ」で、左上と左下の特徴的な形のトゥスチールは「ジェリーフィッシュ」と呼ばれる

⚜ Sole Parts Catalog
ソールパーツカタログ

◆ レザーソール（革底）

ソールには、タンニンなめしでじっくりと作られ、プレスで繊維を押し固めた非常に丈夫な革を使う。写真左側の2つはドイツにあるレンデンバッハ社のもので、通称「JRソール」、あるいは「なめし」に使われるタンニン剤から「オークバーク」と呼ばれる。時間をかけて丁寧に作られるため、非常に繊維が詰まっていて、耐久性が高い。ヨーロッパの高級紳士靴にも使われている、評判の良いソール用レザーだ。一番右は、オイルで耐水性を高められたオイルドレザーソール。

◆ ラバーソール（合成底）

ラバーソールは、形や厚みが様々で、非常にバリエーション豊かだ。有名なところでは、イタリア人の登山家が山で仲間を亡くしたことをきっかけに1937年に設立した「ビブラム社」のソール。その他、英国生まれの「ダイナイト」や「リッジウェイ」も人気がある。それぞれ機能の違いはあるが、大きな要素は取り付けたときのルックスの違い。厚手で溝が見えるようなタイプはワイルドでカジュアルなイメージになる一方、薄手でシンプルなものは紳士靴のスマートなイメージを損なわずに取り付けられる。アッパーや履くシチュエーション、合わせる服を考慮し、プロの意見を交えて決めるのがおすすめだ。

ビブラム社製の中でも、比較的薄手でシンプルなソール。左がビブラムウエスタン（#269）で右がビブラムダイナイトタイプ（#2055）。革底と似た見た目に仕上げることができるので、ドレスシューズやビジネスユースにもおすすめ

ビブラム社独自の素材「ガムライト」のソール。写真左がヒール付きのタイプ（#2810）で、右はガムライトシートと呼ばれるヒールなしタイプ。ガムライトは、摩耗に強いゴムを発泡させ、スポンジのような軽さを備えさせた素材。ラバーソールより返りもよく、たくさん歩く人におすすめの素材だ

REPAIR AND CUSTOM FOR MEN'S SHOES
紳士靴のリペアとカスタム

少し無骨さを残すビブラム社製ソール。左が#700で、ホワイツ、ウエスコといった人気ブーツにも使われる。右が「ミニビブラム」と呼ばれる#430。ワークブーツなどに使われることが多いが、凹凸の模様がやや控えめなので、カジュアル寄りのドレスシューズにも使える

「タンクソール」と呼ばれる、ビブラムの有名なトラッドパターンで、ソールとヒールが別体のタイプ。左の#1100に比べ、右の#100がややソフトな質感。無骨な印象なので、カジュアルユースのブーツにおすすめ

タンクソールのヒール一体型タイプ（#1136）。イタリアにはビブラムの本社があり、製造は海外工場が多いが、こちらはイタリア産のソール

軍靴用に英国で開発された「コマンドソール」。英国靴に多く使われる非常にメジャーなラバーソールで、同タイプの溝を持つソールの総称になっている。無骨ながら、やや上品さを残すのが魅力

こちらも英国製で歴史の長い「リッジウェイソール」。薄手ですっきりとした印象になるので、カジュアルユースを主とするドレスシューズにも多く使われる

英国製ラバーソールで最もメジャーとも言えるのが、この「ダイナイトソール」。見た目は非常にすっきりするので、ドレスシューズに取り付ければ、上品さを感じさせる仕上がりになる

「レッドブリックソール」「レンガ色スポンジ」などと呼ばれる、スポンジ素材のソール。アメリカのカジュアルシューズによく使われている

ソールパーツカタログ

◆ ウレタン・クレープソール

ラバーソールよりも摩耗は早いが、その代わり軽く返りが良い発泡ウレタン素材にも、幅広いバリエーションがある。また、生ゴムで作られたクレープソールも、一部のカジュアルシューズで好まれる。革や薄手のラバーソールよりも断然カジュアルでライトな印象になり、タウンユースに向いているタイプのソールだ。

スタンダードなビブラム社製のスポンジソール。左が厚みが一定なシートタイプ（#8338）、右がヒール部分が厚くなったタイプ（#2021）。ウェット時のグリップやクッション性に優れた、歩きやすいソール。革底のドレスシューズをこのスポンジソールに変えると、全く違った雰囲気の靴に生まれ変わる

#8338シートタイプスポンジソール、未トリムの品

ビブラム社製のスポンジソール（#2060）。上記#2021と同様のタイプだが、土踏まず部分の底部がアーチ状にえぐれている。オールデンに使われているソールと似ているので、補修用として使われることがある

ビブラム社製で、オイルレジスタンス（耐油性）仕様のスポンジソール（#1010）。ウエスコ、レッドウィングなどに標準装備されているタイプ

左の#1010よりも少し厚手になり、トラッドパターンも特徴的になった#4014。非常に似ているが、微妙に履き味も異なるという

ビブラムリップルソールと呼ばれる、大胆な凹凸が付いたソール（#7124）。ソールに個性が出て、ファッショナブルな印象に仕上がる

REPAIR AND CUSTOM FOR MEN'S SHOES
紳士靴のリペアとカスタム

英国製で落ち着いた印象のスポンジソール。その名は「ロンドンスポンジ」。クラシカルなカントリーシューズにもぴったりとマッチする

サンダルで有名なドイツのメーカー、ビルケンシュトックのソール。独自の開発で軽量性、耐久性、弾力に優れた強化ゴムを使っている

天然ゴムを固めて成形した「クレープソール」。柔軟性と、ゴツゴツした独特な質感が特徴的で、デザートブーツなどによく使われている

◆ ハーフソール・ヒール

革底の上から、前面部のみにラバーを貼り付けるハーフソールは、革の通気性や返りの良さを維持しながら、防水性、グリップ製を高める仕上げ。また、ヒールにも様々な種類がある。それぞれ、意外と個性が現れるポイント。

左2つは#700（P.149）のハーフタイプ。やや厚手の無骨な表情を持っている。右は英国製でユニオンワークスオリジナルの「ユニオンハーフラバーソール」。すっきりとした見た目で、どんな靴にもマッチする

スタンダードなタイプのハーフラバーソール。薄手なのでドレスシューズにも合い、カラーバリエーションが豊富なのでカバー範囲が広い

ビブラムタンクソールの、ハーフラバーソールとヒール。カジュアルな靴に機能性と若干の無骨さを与えられるアイテム。革底の補強処置にも最適

ラスターヒールのバリエーション。くさび形が「ダヴテイル」、斜めに一直線なのが「クォーターラバー」、V字は「アローヘッド」。履き心地にはさほど違いは少ない

上段左は英国製補修用ヒール「ベンチマーク」。その右は「ユニオン」、「ユニオンFBヒール」で、ユニオンワークスのオリジナル品。その他にも様々なヒールがあるので、ソールの色や質感に合わせて最適なものが選べる

ライニング補修

P.145のチェックポイントでも書いた通り、ライニングはダメージを受けやすい。脱いだときの残念な見た目はもちろん、靴のフィッティングにも悪影響があるので、磨り減ってきたり綻んでいたりしたら、補修でリフレッシュしたい。

外からも見えやすいカウンターライニングは、靴のルックスも損なう。新しい革を貼ることで清潔感が出るし、履き心地も良くなる

◆ 小指部分のライニング

足幅が広めの人は、小指側が当たることが多いので、ここも擦り切れやすいポイント。プロの手にかかれば、当て革をすることで問題なく補修できる

◆ パイピングの補修

履き口の周りも、脱着による摩擦でダメージを受けやすい。パイピングが破れたり擦り切れたりしたら、新しい革で補修すると見た目もすっきりと甦る

キズ補修

革の表面がえぐれ、裏側の色が出てきているような傷は、クリームやワックスの磨き仕上げでは消しきれない。しかし、凹凸を充填剤で埋め、丁寧に補修することで（革や傷の状態次第ではあるが）、大きな傷を消すことができる。あきらめていた大きな傷があれば、一度プロの手に委ねることも試すと良いだろう。

コンクリートなどに強くぶつけると、革の表面がえぐれて大きな傷になってしまうが、凹凸を埋めながら色を補修すると、ほとんど見つからないほどにリカバリーできる

REPAIR AND CUSTOM FOR MEN'S SHOES
紳士靴のリペアとカスタム

サイズ調整

買ってしまった靴のサイズが小さく、痛くて履けない場合、限界はあるものの、靴全体、あるいは一部分の革をストレッチャーという道具で伸ばし、サイズを大きくする方法がある。また、逆にサイズが大きくブカブカの場合は、形や大きさ、厚みを調整したインソールを入れ、フィットさせる方法もある。

靴を中から押し広げ、サイズを大きくするストレッチマシン。靴に負担が掛からないよう、時間をかけて少しずつ伸ばす

足の一部が当たって痛い場合は、ポイントストレッチャーという道具を使い、部分的に靴を伸ばして当たりを緩和することができる

サイズが大きめで、靴が足の中で動くと、靴ずれや歩きづらさ、靴へのダメージにつながる。インソールを敷き、フィット感を向上させることができる

アッパーの補修

その他にも、アッパーのパーツで修理できる部分は意外と多いので、気になるダメージがある場合は、まずはプロに相談してみるのがおすすめ。ユニオンワークスでは、有名な靴メーカーの純正パーツなども輸入しているため、元の靴の雰囲気を損なわない見た目で修復できることも多い。

段々と張りが失われ、最後には潰れてしまう「プルリング」の交換(左上)。アッパーの縫製がほつれた場合も、ミシンできれいに縫い直せば元通りになる(左下)。サイドゴアブーツのゴムは段々と伸びてしまうので、ひどくなったら交換がおすすめ(右)

153

⚜ Various Custom Menu
紳士靴のカスタムメニュー

靴に今までと異なる表情を与え、新しい息吹を吹き込む

　細部の作り込みを凝らし、異なる表情を与えるカスタムも、紳士靴の楽しみ方のひとつ。単純に雰囲気を変えたり、ある特徴を強めたり、または所有する靴の中に用途が被るものがあれば、新たなシーンへ活用の幅を広げるためにカスタムしたりと、様々な応用が利く。ただし、その靴が本来的に持つ性格を崩さないよう、オリジナルをベースにした節度を保つのがカスタムのコツ。熟知したショップスタッフと相談しながら、新しい靴を思い描いてみよう。

テーパードヒール

ヒール交換と同時に、ややエレガントな雰囲気を加えるテーパードヒールはいかがだろうか。ヒールリフトの厚みを増やして高さを上げる「ヒールアップ」と併用すれば、だいぶドレッシーさが加わるので、印象も変わる。ただし、靴のデザイン上、ヒールアップの幅には限度があるので注意。

ピッチドヒール

ヒールを丁寧に削り込み、内側にカーブしたラインで絞ったように成形するのがピッチドヒール。ヒールアップも併用し、シャープでスタイリッシュな雰囲気に変えることができる。通常、ビスポーク靴などでしかお目にかかれない珍しい仕上げなので、靴の高級感も上がったような印象を受ける。

セミヴェヴェルドウエスト

ヴェヴェルドウエスト（P.22）ではない靴を、内踏まずのコバを削りこんで成形することで、まるでヴェヴェルドウエストのような引き締まった見た目に仕上げる手法。コバを黒く染め上げ、半カラス仕上げなどと組み合わせることで、ビスポーク靴のようなエレガントな表情を見せてくれる。

REPAIR AND CUSTOM FOR MEN'S SHOES
紳士靴のリペアとカスタム

ファッジング

ウェルトに、ギザギザの模様（ファッジ）を付ける仕上げ。完成写真のようにステッチ部分に沿うように刻むパターンと、ウェルトの角にだけ控えめに刻むパターンがある。シンプルですっきりとした靴に、伝統的な紳士靴ならではの、クラシックな表情を与えることができる。

ウェルトの削り込み

普通のウェルテッド製法の靴は、コバがしっかりと出し縫いされるので張り出しており、「これぞ伝統の紳士靴」といったクラシカルな見た目になりがち。しかし、出し縫いを傷付けない範囲でコバを丁寧に削り込み、シャープに成形することで、シュッとしたスタイリッシュな雰囲気に変えることができる。

外ハトメ

元のブーツは、下4つが外にハトメが出ていないブラインドアイレット仕様、上の3つはフックになっている。これを外ハトメにすることで、シンプルでカジュアルな印象に変化する。また、シューレースを通しやすくなり、靴の使い勝手も良くなる。

ユニオンワークスでは、トリッカーズ純正のシューレースや金具を取り扱っているので、正規品同様の仕上げも可能となっている

パーフォレーション加工

メダリオンやパーフォレーションといった穴飾りをアンティーク仕上げのように染め、目立つようにする加工。ブローグの華やかさが増し、よりドレッシーな印象になるとともに、長年履きこんだ靴のような堂々とした風格が加えられている。

バケッタ加工

革の裏面を丁寧に磨きこんで作り、美しい質感と経年変化が愉しめる「バケッタレザー」を、スエードで再現する加工。毛足が乱れたり、傷が目立ってきたスエード靴をまったく新しい一足に生まれ変わらせることができる、ユニークなカスタム手法だ。

エイジング加工

靴を部分的に暗い色で染め直し、手入れを繰り返しながら長年履き込んだような表情を与えるエイジング加工。大きく形が変化するわけではないが、加工前のさっぱりとした若々しい雰囲気が一変し、深みのある靴へと生まれ変わっている。

REPAIR AND CUSTOM FOR MEN'S SHOES
紳士靴のリペアとカスタム

The Whole Process Of All Sole Replacement
オールソール交換の全容

紳士靴の製法と構造がよく分かるオールソールの工程

最後に、使い古した靴を美しく蘇らせるオールソールの手法を、ステップごとに詳しく解説する。特殊な設備やテクニックが必要となるので、誰でも真似できることではないが、靴の製法や構造に深く関わるバラシから組み立てまでの様子は、靴好きの方ならば一見の価値がある貴重な情報だろう。紳士靴ならではの、ダイナミックさと繊細さが共存した修理工程には、まさに職人技といった様子。多くの技術が詰まった靴という存在を、より愛らしく思えるはずだ。

きれいに手入れされ、丁寧に履き込んでいる印象のチャーチ。ややくたびれている様子なので、そろそろリフレッシュが必要といったところ

ソールもそれなりに磨り減り、革の表面も荒れている。ヒールは、擦り減った部分がラバーで補強されている。これをオールソール交換していく

ソールを剥がす

不要な古いソールは、手作業で丁寧に剥がしていく。豪快に作業しているようだが、ウェルトにダメージを与えないよう、力加減なども繊細に調整している。

01 ピンサーという道具で、ヒールリフトを剥ぎ取っていく。ヒールは釘で固定されているので、それも丁寧に引き抜きながら作業する

02 ヒールが取れたら、ソールの周りをグラインダーで削り、出し縫いを切る

03 出し縫いが半分削れた状態。もちろんウェルトには傷を付けていない

04 ピンサーを使い、ウェルトとソールを引き剥がす。ソールの内側は、コルクの中物が入っていた。このコルクも新しいものに交換していく

新しいソールを貼る

リブ、ウェルト、シャンクなどのパーツが傷んでいれば、そこも修理できる。今回は特に必要がなかったので、中物を詰め直すところから始め、新しいソールを貼り直す。

01 ウェルトに残っている出し縫い糸を、1本ずつ丁寧に取り除く

02 靴の裏側と新しいシート状のコルクに、専用の接着剤を塗る。接着剤を塗っているのは、「ヨージバケ」という、底付け作業でよく使われる道具

03 コルクを貼り付け、ハンマーの尖った部分で叩いて隙間を埋める。この独特の形をしたハンマーは、靴作りに使われるもので「ポンポン」と呼ばれ、製甲用と底付け用でわずかに形が異なる

04 コルクの出っ張った部分をグラインダーで削り、平らに整える

05 きれいに隙間が埋まり、中物が平らに整った状態

06 靴の裏面と新しいソールに接着剤を塗る。中央までしっかりと貼り付ける必要がないので、ウェルトのある周囲を重点的に接着剤を塗っている

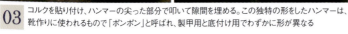

07 ラストの形状をイメージし、ソールを手で成形する。交換後の履き心地やフォルムに影響する、意外と重要な作業

08 ソールを靴の裏面にぴたりと貼り合わせる。ウェルト部分は剥がれてこないよう、ヤットコで一ヵ所ずつ圧力を加え、丁寧に貼り付ける

REPAIR AND CUSTOM FOR MEN'S SHOES
紳士靴のリペアとカスタム

09 さらに圧着機を使い、強力に貼り合わせる

10 ハンドルを回すと刃が回転する専用の機械を使い、ソールの余分を粗裁ちする

11 コバ専用のビットでさらに削り込み、ウェルトの端と平らになるまで成形する

12 コバが平らに整った状態。ウェルトの端も少しだけ削ることになるので、ソール交換の度にどうしてもウェルトの幅は減っていくことになる。そのため、数回に一度はリウェルト(ウェルト交換)が必要になる

出し縫い

ソールに糸が収まるチャネルと呼ばれる溝を切り、そこに大きな出し縫い用ミシンでステッチを掛ける。コバを成形しながら作業を進めると、段々と靴が生まれ変わっていく。

01 専用の刃を使い、ソールに出し縫い用の溝(チャネル)を掘る。端からの幅は、ウェルトの縫い目や状態から判断し、職人の感覚で決める。ズレると美しい縫い目にならないので重要だ

02 人の背の高さほどもある出し縫い用ミシンに靴をセットし、縫う準備を整える

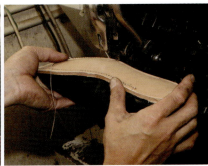
03 ウェルトとソールを、一気に縫い合わせていく。表からチェックしながら作業できないので、縫い目のピッチや動かし方など、すべて職人の勘が頼り。ミシンで縫うだけの作業と思いきや、熟練した技術が必要だと考えを改めさせられる

04 縫い終えた様子。ウェルトの古い縫い目をトレースするように、新しい縫い目が掛かっているのが分かる。古い縫い目と糸がずれると、縫い穴が増えるのでウェルトの傷みも早まる。この正確な出し縫いの技術は、リペアだからこそ必要になるのだ（既製靴には出し縫いが乱れた靴も見られる）

05 ヒールは釘を打って固定する。金属の台を使っているので、インソールから飛び出た釘の先端は潰れて平らになる

06 コバを磨き、さらに平らに整える。以上で底付けは完了し、ここからは仕上げの段階となる

底付けの様々なバリエーション

一般的なグッドイヤーウェルテッド製法の靴を題材に解説を進めているが、ここで、その他の製法やオプションを選んだケースを紹介する。既製靴でも人気のあるヒドゥンチャネル仕上げは、ステッチを隠すための切り込みを手作業で入れる必要がある。靴作りの工程には、このようなオートメーション化できない作業が多くあるので、今でもなお職人による丁寧な仕立てが残っているのだ。

革包丁という専用の刃物を使い、手作業でヒドゥンチャネルの溝をカットしている様子。角度や幅を一定に保つ必要があるので、より熟練した技術が必要になる。もし切り損じたら、ソールを貼り直す必要があるので、一発勝負の世界だ

切り込んだ溝は、専用の機械でめくり上げる。この状態でP.159と同じように出し縫いをした後、再び革を接着してステッチを隠す

こちらはマッケイ製法のチャネル。インソールと縫い合わせるため、先ほどより位置が内側に寄っている

ヒールを取り付ける

ソールの後端に、ヒールを取り付ける工程。1枚ずつ積みながら貼るのではなく、すでに数枚のヒールリフトとトップピースが貼り合わされ、適度に成形されたものを使う。

01 ここで、ヒール以外のコバに一度染料を塗る

02 染料の上からワックスを塗ってバフがけし、さらにコバ専用の回転ビットで成形しながら磨く

03 靴裏のヒールの部分とヒールリフトに接着剤を塗る。このヒールリフトは、すでにリフト数枚とトップピースが貼り合わされた状態のもの

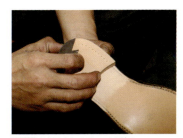

04 位置を合わせてヒールを貼る

05 ヤットコと圧着機を使い、しっかりと貼り合わせる

06 内側から釘を打ち、ヒールを固定する。外側から打つ場合もある

07 ヒールをグラインダーで削り、ソールに合わせて成形する

08 先ほど残しておいたヒールの部分にも染料を塗り、バフがけしてツヤを出す

仕上げ

いよいよ仕上げ段階だ。様々な仕上げ方があるが、ここではオイルステインを塗ってツヤを出し、飾りの模様を付けたオーソドックスな仕上げを解説する。

01 次の工程の準備として、ソールとヒールの全面にヤスリを掛けて表面を荒らす

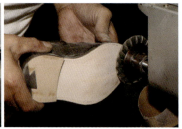

02 荒らした表面にオイルステインを塗る

03 余分なオイルステインを拭き取り、バフがけしてツヤを出す

04 オイルステインを塗って磨くと、このように適度なツヤが出た美しいソールになる

05 ソールの各部に、各種のコテや飾り車と呼ばれる道具を使い、飾り模様を描いていく。フリーハンドでスピーディに作業しているが、すべて一発勝負

06 ウエルトの表側には、目付け車という道具でギザギザの模様を付ける

以上でソールの装飾が完了。まっさらだった革のソールが、職人の手によって新品同様の美しい仕上がりになる様子は、見ているだけでも非常に爽快な気分になる

07

08 最後にアッパーを磨いて仕上げる

REPAIR AND CUSTOM FOR MEN'S SHOES
紳士靴のリペアとカスタム

完 成

以上でオールソール交換の作業は終了。ソールが新しくなった靴は、全体的に凛々しい雰囲気になり、見違えるようにきれいに見える。ヴィンテージスティールも取り付け、シャキッと男らしいルックスに仕上がった。やはり靴にとってソールは、機能性以上の意味を持つ重要なパーツ。常に美しい状態を保つように心がけたい。

◆ BEFORE

◆ AFTER

SHOP INFORMATION

大切な靴を安心して預けられる店

　代表の中川一康氏が、一生履き続ける靴を安心して預けられるショップを作りたいという考えの下、それまで勤めていた修理業者を独立して開いた工房がユニオンワークスの起源。東京都内・近郊に5店舗を開設した今でもそのコンセプトは変わらず、こだわりを持ったサービスや製品を提供している。靴が好きな人なら、ぜひ心からおすすめしたいショップだ。

01.取材に協力してくださった、ユニオンワークス工場スタッフの皆さん。元々靴が好きでこの仕事を選んだ方々ばかりなので、仕事に対する情熱が強く感じられる。同社の製品やサービスが、ユーザーの心を捉えるのは、こういった背景があるからこそだ　02.かねてより憧れだったという銀座にも、2011年に店舗を開設。ただし、近くに店舗がない場合も、宅配便によるリペアやカスタムも請け負っている。詳しくはウェブサイトでチェックしていただきたい

ユニオンワークス
東京都渋谷区桜丘町22-20
シャトーボレール渋谷B1-1
TEL. 03-5458-2484　FAX. 03-3770-0917

ベンチマーク
神奈川県川崎市高津区溝口5-23-8
TEL. 044-822-4443　FAX. 044-822-4443

ユニオンワークス青山
東京都渋谷区神宮前3-38-11 パズル青山 1F
TEL. 03-5414-1014　FAX. 03-5414-1730

ユニオンワークス銀座
東京都中央区銀座1-9-8 奥野ビル103
TEL. 03-5159-5717　FAX. 03-5159-5718

ユニオンワークス新宿
東京都新宿区新宿3-9-7 T&T第2ビル3F
TEL. 03-5312-9947　FAX. 03-5312-9948

営業時間 12:00-20:00 (全店舗共通)
定休日 水曜 (全店舗共通)
URL http://www.union-works.co.jp/

Column
紳士靴の本質を味わう
オーダーメイドの愉悦

「靴のオーダーメイド」は、既製靴を主に履く多くの人にとって未知の世界かもしれないが、決して別世界ではない。靴の本質的な魅力を知れば、その集大成であるオーダーメイドに、必ず興味が湧くはずだ。

Interviewee
靴職人 **高野 圭太郎** 氏

エスペランサ靴学院にて靴作りを学ぶ。その後、靴職人・関信義氏に師事し、オーダーメイドの靴職人として独立。2008年に「クレマチス銀座」を開設し、ビスポークを中心にレディメイドまで幅広く靴製作を手がける

あなたは、「オーダーメイド」をしたことがあるだろうか。日本では古くから「誂えもの」などと呼ばれ、職人をして自分専用に物を作らせる文化が根付いている。現在は決して盛んとは言えないが、着物などサイズやデザインに関してこだわりの強い分野では色濃く残っている。

紳士靴において、オーダーメイドは「ビスポーク」と呼ばれ、憧れとする人も多い。ここでは、銀座にてビスポーク工房「クレマチス」を営む靴職人・高野圭太郎氏のインタビューを交えながら、紳士靴をオーダーメイドすることの本質を探り、その愉しみを浮き彫りにしていきたい。

「ビスポーク」は話すことの意

靴の伝統国イギリスでは、服や靴をオーダーメイドすることをビスポークと呼ぶ。「話す」や「依頼する」などを意味する「bespeak」の過去分詞、「bespoke」という言葉がそのまま定着したものだ。日本でも、いつの間にかこの呼び方が馴染み、近年では大手メーカーのビスポークラインや、クレマチスのようなビスポーク職人が開く工房も多く見られるようになってきた。では、これだけ市民権を得てきたビスポーク靴の魅力とは、一体どんなものなのだろうか？

ハンドソーンの強みが活きる

まず、ビスポークの大きなポイントとして、既製靴では稀有な「ハンドソーンウェルテッド製法」を選べることが挙げられる。単純に機能として優れた点の解説は、本書「基礎知識」の記事に譲るとして、ここでは、そのデザインの自由度についてお話ししたい。

インソールとアッパー、ウェルトをハンドソーン（＝手縫い）で仕上げると、ソールの形状的な自由度が上がるため、より足の裏にぴたりと沿うような攻めたデザインが可能となる。通常、ハンドソーンと言われる仕立てでは、アウトソー

クレマチスの独自性が最も現れた最高級「レッドライン」の靴。フルハンドメイドとなる十分仕立てで作り出された美しいラインは、ビスポーク靴ならではの洗練された雰囲気を醸し出す

九分半仕立てで作られたクレマチスのビスポーク靴。ヴァンプの辺りから急激なカーブを描き出すウエストは、出し縫いが見えないほどに絞られている。手縫いでないと、とても作り出せない美しいラインだ

ルの出し縫いを機械で縫う「九分仕立て」が多いが、その部分をも手縫いで行なう「十分仕立て」、いわゆるフルハンドメイドとなると、既製靴とはひと目で違いが分かるほどのメリハリのある曲線が出せるのだ。

クレマチスでは、フルハンドメイドとなる十分仕立てに加え、出し縫いの一部を手縫いで行なう、九分仕立てならぬ「九分半仕立て」というオプションが設定されている。これは、靴のフォルムにとって特に重要な「内踏まず（内側の土踏まず）」の部分のみを手縫いすることだ。これだけでも、靴のフォルムは非常に洗練されたものへと変わる。靴において、「手縫い」が想像以上に重要になることがお分かりいただけるだろう。

依頼主の要望を「読み取る」テクニック

もうひとつの大きな魅力として挙げられるのは、ビスポークの語源ともなっている、「職人と依頼主の会話」だ。ここに、ビスポークが単なる一点物という価値を超え、特別な存在となり得るヒントが隠されている。

高野氏のお話では、装飾や形に関するその人の好みを聞くのはもちろん、仕事場の環境、周りの人々、普段の服装等々、様々な情報を聞き出し、それを元に最善のデザインを組み立てていく。また、靴のデザインは目に見える意匠だけではない。その人の体重、年齢、歩き方などにより、芯材の入れ方を変え、履きやすさにも反映させていく。

オーダー依頼主には、細部まで詳細なこだわりを持った方よりも、大まかなイメージや目的だけを決めて来られる方の方が多いとのこと。そんな場合に、隠されたニーズを巧みに読み取り、靴の仕様に落とし込む技術は、ビスポーク靴の職人にとっては必須のテクニックとなるのだ。

これは、職人と依頼主が話し合いながら製品を作り上げていくことが、オーダーメイドの本質であることを示している。ビスポークで作られた靴は、依頼主の足にフィットすることはもちろん、依頼主の好みや目的にもフィットすることが求められる。ときには依頼主の想定を越えて。

このようにして作られるビスポークでは、単純な靴としての価値だけではなく、靴のスペシャリストとともにひとつの作品を生み出したという、極上の体験も味わうことができる。

ビスポークの流れ 聞き取り〜採寸

ビスポークの特長を知ったところで、クレマチスの例を参考にしながら、実際のビスポークの流れを見てみたい。

まず、しっかりと会話をする時間を取るために、工房に訪れる予約をする。初回の聞き取りの時間は人にもよるが、クレマチスの場合は1時間から2時間、予約の方を優先してじっくりと話し合う。このときに、フルハンドか九分半仕立て、基本的なデザイン、使用する革の種類など、基本的な仕様に関してもサンプルを見ながら決定する。

続いて、足の採寸が行なわれる。寸法を測るのはボールガースだけではなく、土踏まず周りのウェストガースや、甲を通るインステップガースなど数ヵ所。また、足の形をトレースしたり、触診をしながら骨の出具合、脂肪の付き具合などを読み取ることで、三次元的に靴のメリハリを付けるポイントを決定する。この技術は、多くの人々の足を見てきたビスポーク職人としての腕の見せ所となる。

こうした膨大な量の情報を元に、高野氏は靴のデッサンなどを作り、デザインと設計を組み立てる。そして、木型と型紙作りに移る。

木型と型紙の製作

ビスポークならではの喜びとも言えるのが、自分専用の木型が製作されることだ。木型は、専門の職人が必要なほど専門性が高く、奥の深い世界と言うことができるが、高野氏は木型の製作も行なっている。

ヨーロッパ産の高級革をはじめ、高野氏が厳選した多数の革から気に入ったものを選べる

採寸では、表面的な寸法を測るだけではなく、骨の張り出し、脂肪の付き方など、様々な要素を読み取って靴に反映させられる

ここで一般的な靴製造の流れを解説する。靴の職人は、大雑把に分けて木型、製甲（アッパー）、底付けに分かれている。大規模な製造工場では、各分野をさらに細かい工程に分け、それぞれを専属の職人が担当する形になっている。一足を丸ごと作り上げるビスポーク職人でも、よりクオリティの高い仕上がりを目指すため、木型製作や底付けを専門家に外注する場合は多い。

しかし、高野氏は木型、型紙、製甲、底付けなど、靴製作に関わる全ての工程を自ら担当している。こうすることで、より一貫性があり、高野氏の色が出た個性の強い靴を作り上げることができているのである。

木型は、高野氏が実際に会って、話して感じた様々な要素を材料にして細かく作り直され、その人の足にぴったりの形に仕上がっていく。ある程度完成された既存の木型「ハウスラスト」を使用するカスタムオーダーでさえも、肉付きの足し引きが行なわれ、微調整がなされる。こうして作り出された世界にたったひとつの木型を使い、仮縫いと言われる試作靴が作られる。

完成品の精度を上げる「仮縫い」

ビスポークでは一般的に、本番の製作に取りかかる前に「仮縫い」と呼ばれる試作品を作る（仮縫いはオプションなので、行なわない場合もある）。主に細部の調整やイメージの擦り合わせのために作られるもので、床革という安価な革が使われるが、クレマチスでは、こだわりの強いトゥの部分だけ実際の革を使って作ることがあるという。

仮縫いの靴を履くことで、各部に微調整を加えたり、依頼主のコンセンサスを取ったりする。とは言え、高野氏は仮縫いを調整用の段階と考えるのではなく、ほぼ完成品に当て込んでいくとの考え。仮縫いでサイズが合っていないようならば、まだその人の足が分かっていないのと同じだ、という厳しい心構えを見せてくれた。

ちなみに、ビスポークが盛んなヨーロッパでは、ビスポークを「2足から」受注するケースも多い。これは、1足目では納得の行くフィット感が得られないことを前提に、2足目でやっと職人の本領が発揮できるという不文律によるものだ。しかし、日本ではそうはいかず、1足目からそれなりの完成度が求められることが多い。それだけに、日本のビスポーク職人の、フィット感に対するこだわりが強いのも頷ける。

いよいよ納品

仮縫いによる微調整が施された靴が、いよいよ納品される。クレマチスの場合は、初回の聞き取りから完成までおよそ一年。手間と時間とコストの投資により完成した極上の靴が、いよいよお目見えするという瞬間である。

先述した通り、依頼主の要望は必ずしも具体的ではなく、足にフィットさせるための技術も生半可なものではない。それだけに、イメージ通りの仕上がりでフィット感も抜群の靴に足を入れた瞬間の感動は、依頼主、職人ともに極上のものがある。高野氏は、「その場で履いて帰りたい」と言われたときの喜びはひときわだと語る。

靴に対する、特にビスポークのように個人のこだわりが強く反映される靴に対する思いは、人によって千差万別だ。靴を芸術品と捉えて美しさを優先する人もいれば、あくまで実用品、足にフィットし、歩きやすくて初めて価値があると考える人、またそのバランスを取る人もいる。そういった考えがせめぎ合い、ときには依頼主の好みに寄せ、ときには職人の感性に任せ、あるいは両人の考えが見事にマッチし、様々な靴模様が見られるところも、ビスポークの醍醐味と言えるのかもしれない。

高野氏が考えるビスポークのバランス

このように、ビスポークの靴は様々な要素が自由なだけ

紳士靴の本質を味わう オーダーメイドの愉悦

 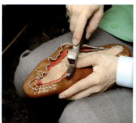  

デザイン、設計はもちろん、木型作りから、ミシンを使った縫製、つり込みといった製甲、そして底付けのすくい縫い、出し縫い、さらには仕上げの磨きまで、すべての作業を高野氏が責任を持って担当する。非効率な生産体制は、細部までこだわった靴を作りたいがための選択

に、落としどころを見つけるのは難しい。「良い靴」とは人それぞれで、時と場合によって流動的なものだからだ。そんな中でも、少しでも良い靴を目指すための軸となる考え方を持って、高野氏は靴作りに臨んでいる。

氏のベースとなるコンセプトは、「靴は飾りではなく、歩くための道具」という考え。もちろん、靴を作品と考える、いわゆるアーティストとしての側面も持っているが、歩きやすいことこそが靴に必要な条件という考え方だ。しかし、歩きやすさも人によって変わる。例えば、年齢の若い方には、これから長い時間をかけて履き慣らすことを考え、あえて革を固めに仕上げたりすることもあるとのこと。

また、履く人のファッションに自然にとけ込むよう、靴だけが目立つデザインではなく、全体的なコーディネイトを重要視しているそう。様々な要素を考え抜き、「革靴の楽しみ」を人々に提供することが、自分の使命だと語ってくれた。

伝説の職人に師事した修行時代

そんな高野氏の靴職人としての出発は、なんと実家の屋根裏部屋だったと言う。

もともと古着を趣味として集める中で、靴の魅力に取り付かれた高野氏。様々な靴を買い求め、履き倒して楽しむ中で、「靴は作れる」、「靴作りの学校がある」ということを聞き、一念発起。エスペランサ靴学院へと入学し、靴職人の道へと足を踏み入れた。当時は靴作りを仕事にできることなど珍しい時代。文字通り、業界に飛び込んだ形だ。

卒業後は、靴業界でご高名なエスペランサ靴学院の講師・巻田庄蔵氏や、伝説の靴職人と呼ばれる関信義氏に師事。独立後は、実家の屋根裏部屋を製作の本拠とし、金沢「KOKON（ココン）」のオーダーメイド靴を担当しながら技術と感性を磨く。そして、2008年に現在のクレマチス銀座を開設した。順風満帆に見える経歴だが、その間にも様々な逡巡を経験したとのこと。高野氏は、関氏を親方と慕い、この出会いこそが今の自分を作ったと語る。

高野氏の作る靴、そしてその言葉には、技術だけではなく、こういった様々な経験が反映された、奥深い考えがあった。そんな「信頼できる職人」を見つけることが、ビスポーク靴を作る上での第一歩かもしれないと感じた。

オーダーメイドのみならず、自らプロデュースするレディメイドラインも納得の行く仕上がりにこだわる高野氏。グッドイヤーウェルテッドでも、彼の素晴らしい手腕を目の当たりにすることができる（レディメイドラインのモデルはP.55にて紹介）。ビスポークの料金は、ハウスラストを使ったセミビスポークが九分半で税抜き¥210,000から、十分で¥295,000から。ラストから作るフルビスポークが九分半で¥247,000から、十分で¥332,000からという設定。各種オプションは追加料金

SPECIAL THANKS

クレマチス銀座
東京都中央区銀座1丁目27−12銀座渡辺ビル 2F
営業時間 11:00-19:00
定休日 火曜
TEL & FAX 03-3563-8200
e-mail leather@clematis-ginza.com
URL http://www.clematis-ginza.com/

銀座の喧噪から少し離れ、落ち着いた環境に構えた工房兼ショールーム。美しい靴が整然と陳列された中で、ビスポーク靴を仕立てる。靴好きにとっては、正に極上の時間を味わうことができる空間だろう

TEXTBOOK OF MEN'S SHOES

紳士靴の教科書

2016年11月5日 発行

STAFF

PUBLISHER
高橋矩彦　Norihiko Takahashi

EDITOR
富田慎治　Shinji Tomita

DESIGNER
小島進也　Shinya Kojima

ADVERTISING STAFF
大島 晃　Akira Ohshima
久嶋優人　Yuto Kushima

PHOTOGRAPHER
梶原 崇　Takashi Kajiwara (Studio Kazy Photography)

PRINTING
中央精版印刷株式会社

PLANNING, EDITORIAL & PUBLISHING
(株)スタジオ タック クリエイティブ
〒151-0051　東京都渋谷区千駄ヶ谷 3-23-10 若松ビル2階
STUDIO TAC CREATIVE CO.,LTD.
2F,3-23-10, SENDAGAYA SHIBUYA-KU,TOKYO
151-0051　JAPAN

〔企画・編集・広告進行〕
　Telephone 03-5474-6200　Facsimile 03-5474-6202

〔販売・営業〕
　Telephone & Facsimile 03-5474-6213

URL http://www.studio-tac.jp
E-mail stc@fd5.so-net.ne.jp

2202C

警 告　CAUTION

■ この本は、習熟者の知識や作業、技術をもとに、編集時に読者に役立つと判断した内容を記事として再構成し掲載しています。そのため、あらゆる人が作業を成功させることを保証するものではありません。よって、出版する当社、株式会社スタジオ タック クリエイティブ、および取材先各社では作業の結果や安全性を一切保証できません。また、作業により、物的損害や傷害の可能性があります。その作業上において発生した物的損害や傷害について、当社では一切の責任を負いかねます。すべての作業におけるリスクは、作業を行なうご本人に負っていただくことになりますので、充分にご注意ください。

■ 使用する物に改変を加えたり、使用説明書等と異なる使い方をした場合には不具合が生じ、事故等の原因になることも考えられます。メーカーが推奨していない使用方法を行なった場合、保証やPL法の対象外になります。

■ 本書は、2016年8月26日までの情報で編集されています。そのため、本書で掲載している商品やサービスの名称、仕様、価格などは、製造メーカーや小売店などにより、予告無く変更される可能性がありますので、充分にご注意ください。

■ 写真や内容が一部実物と異なる場合があります。

参考文献

大谷知子『百靴事典』シューフィル、2004年

稲川實・山本芳美『靴づくりの文化史 ―日本の靴と職人―』
　　　　　　　　　　　　　　　　　　現代書館、2011年

稲川實『西洋靴事始め 日本人と靴の出会い』現代書館、2013年

STUDIO TAC CREATIVE
(株)スタジオ タック クリエイティブ
©STUDIO TAC CREATIVE 2016 Printed in JAPAN

● 本書の無断転載を禁じます。
● 乱丁、落丁はお取り替えいたします。
● 定価は表紙に表示してあります。

ISBN978-4-88393-760-8